数学ガールの秘密ノート

Mathematical Girls: The Secret Notebook (Vector)

ベクトルの真実

結城 浩
Hiroshi Yuki

SB Creative

●ホームページのお知らせ

本書に関する最新情報は、以下のURLから入手することができます。

　http://www.hyuki.com/girl/

このURLは、著者が個人的に運営しているホームページの一部です。

ⓒ 2015 本書の内容は著作権法上の保護を受けております。著者・発行者の許諾を得ず、無断で複製・複写することは禁じられております。

あなたへ

　この本では、ユーリ、テトラちゃん、ミルカさん、そして「僕」が数学トークを繰り広げます。

　彼女たちの話がよくわからなくても、数式の意味がよくわからなくても、先に進んでみてください。でも、彼女たちの言葉にはよく耳を傾けてね。

　そのとき、あなたも数学トークに加わることになるのですから。

登場人物紹介

「僕」
　　高校二年生、語り手。
　　数学、特に数式が好き。

ユーリ
　　中学二年生、「僕」の従妹(いとこ)。
　　栗色のポニーテール。論理的な思考が好き。

テトラちゃん
　　高校一年生、いつも張り切っている《元気少女》。
　　ショートカットで、大きな目がチャームポイント。

ミルカさん
　　高校二年生、数学が得意な《饒舌才媛(じょうぜつさいえん)》。
　　長い黒髪にメタルフレームの眼鏡。

母
　　「僕」の母親。

瑞谷(みずたに)女史
　　「僕」の高校に勤務する司書の先生。

CONTENTS

あなたへ —— iii
プロローグ —— ix

第1章 そんな私に力を貸して —— 1

1.1 僕の部屋 —— 1
1.2 地面に立つ人 —— 3
1.3 力について —— 6
1.4 等速直線運動 —— 13
1.5 人は2本足 —— 15
1.6 《力》って？ —— 16
1.7 糸で吊された重り —— 18
1.8 力の足し算 —— 26
1.9 張力の足し算 —— 27
　　●第1章の問題 —— 36

第2章 無数の等しい矢 —— 41

2.1 図書室にて —— 41
2.2 《等しさ》の定義 —— 46
2.3 ふにゃふにゃベクトル —— 49
2.4 無数の等しい矢 —— 53
2.5 ベクトルを作る —— 60
2.6 《同一視》と《等しさ》の定義 —— 68
2.7 カレンダー —— 70
2.8 ベクトル —— 74
　　●第2章の問題 —— 80

第3章　掛け算の作り方 —— 85

- 3.1 僕の部屋 —— 85
- 3.2 コサイン —— 91
- 3.3 内積の定義を考える —— 100
- 3.4 影の向き —— 102
- 3.5 内積の定義 —— 104
- 3.6 掛け算に見える？ —— 107
- 3.7 交換法則と内積 —— 108
- 3.8 分配法則と内積 —— 110
- 3.9 結合法則と内積 —— 111
- 3.10 具体的な話 —— 119
- ●第3章の問題 —— 127

第4章　形を見抜く —— 131

- 4.1 図書室にて —— 131
- 4.2 図を描いて考える —— 137
- 4.3 ベクトルの内積 —— 142
- 4.4 直線のパラメータ表示 —— 152
- 4.5 接線を求める —— 160
- 4.6 ミルカさん —— 165
- 4.7 関数空間 —— 166
- ●第4章の問題 —— 180

第5章　ベクトルの平均 —— 183

- 5.1 僕の部屋 —— 183
- 5.2 ベクトル —— 186
- 5.3 ベクトルの平均 —— 190
- 5.4 理由を求めて —— 197
- 5.5 m：n に内分する点 —— 204
- 5.6 ユーリの疑問 —— 215

5.7 証明は？ —— 220
　　●第5章の問題 —— 225

エピローグ —— 229
解答 —— 235
もっと考えたいあなたのために —— 271
あとがき —— 283
索引 —— 287

プロローグ

ねえ。あなたは、どこにいる？
—— 僕は、足下を見る。
ねえ。あなたは、どこへいく？
—— 僕は、彼方を見る。

加速度と力、ベクトルの現れ。
平行と回転、ベクトルの動き。
向きと大きさ、ベクトルの姿。
足したり、引いたり、掛け合わせたり。

—— ねえ。君は、どこにいる？
私？ 私は、ここにいる。
—— ねえ。君は、どこへいく？
私？ 私は、どこまでも——

どこまでも、あなたといっしょに。
どこまでも、君といっしょに。
ベクトル探しに出かけよう。

第1章
そんな私に力を貸して

"もしも私があなたなら、あなたは私の何かしら。"

1.1 僕の部屋

ユーリ「お兄ちゃん！ ユーリ、おもしろいこと考えてるの！」

僕「なんだよいきなり」

　従妹のユーリは中学生。彼女はいつも僕の部屋に遊びにやってくる。数学のクイズを出しあったりパズルを一緒に解いたりする仲良しだ。

ユーリ「止まってるのに加速度が 0 じゃないってこと、ある？」

僕「止まってるのに加速度が 0 じゃないって……？」

ユーリ「ねー教えてよ」

僕「そうだね、あるといえばあるよ」

ユーリ「やっぱりあるんだ」

僕「たとえば、ボールを真っ直ぐ上に投げる。ボールはずっと上がっていくけど、だんだん遅くなっていく。そして上がり

きったところで一瞬だけ止まる。そして次の瞬間から落ち始める」

ユーリ「ふんふん」

僕「でも、このボールの加速度は 0 じゃない。地球からボールに**重力**という力が働いていて、その力が加速度を生じさせている。ほら、このあいだも話しただろ。力が加速度を生じさせるって話*」

ユーリ「うん」

僕「地球の重力が作り出す加速度は g と呼ばれている。もちろん g は 0 じゃない。ボールの速度は変化するけれど、加速度は一定だよ。地球から働く重力という力が一定だからね」

ユーリ「それはいーんだけど……」

僕「だから、加速度が 0 じゃなくても、止まることはある。一瞬だけならね」

ユーリ「うーん……」

僕「でもずっと止まったままなら、速度の大きさは 0 のままで変化しない。速度が変化しないんだから加速度は 0 になるね」

ユーリ「でもそれだとおかしくない？」

僕「いったい、ユーリはどんなことを考えてるの？」

---

*　『数学ガールの秘密ノート／微分を追いかけて』参照。

1.2 地面に立つ人

ユーリ「あのね、地面に人が立ってるのを考えたの」

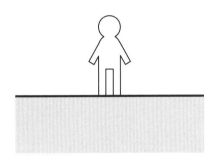

地面に人が立っている

僕「ほう」

ユーリ「お兄ちゃんが力と加速度の話をしてくれたとき、《加速度は位置の微分の微分》とか、《力は加速度を生み出す》とか話してたけど……」

僕「うん、そうだね」

ユーリ「この立っている人には重力が働いてるわけじゃん？ 重力って力だよね」

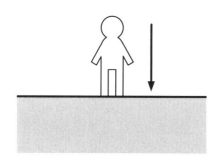

重力が働いている

僕「もちろん」

ユーリ「でも、この立ってる人は止まってる。一瞬じゃなくて、ずっと止まってたら、ずっと速度は0で、速度の変化がない……てことは、加速度は0だよね」

僕「ははあ——そういう疑問か」

ユーリ「だからね、力が働いてるのに加速度0ってゆーのは、おかしい！……って思う」

僕「なるほど。『力が働いてるんだから、加速度は0じゃないはず』と言いたいんだね。それはすばらしい考えだなあ。ユーリは賢いね」

ユーリ「いやいやいやいや……そーゆーホメ言葉はもっと言って」

僕「がく。だから、止まっているのに加速度が0じゃないことがあるかってクイズを出したんだね」

ユーリ「うん。クイズじゃなくて質問だけど」

僕「答えからいうとね、こんなふうに立っている人の加速度は 0 だよ。それからこの立っている人に重力が働いているというのも正しい」

ユーリ「え！ それじゃどうしてずっと止まってるの？」

僕「それは、この人に働いている力が**重力だけじゃない**からだね」

ユーリ「へー！ 重力以外の力が働いてんの？ 磁力とか？」

僕「いや、この人は磁石じゃないから、磁力は働いてない」

ユーリ「じゃ、どんな力？」

僕「**地面がこの人を押し返す力**が働いているんだよ」

ユーリ「地面？」

僕「そう。地面がこの人を押し返さなかったら、この人はずぶずぶっと地面にもぐってしまう。地面にもぐっていかないのは、ちょうど重力と釣り合うだけの押し返す力が働いているからなんだよ。重力は確かに働いている。でもそれと釣り合うように押し返す力も働いている。この人に働いているすべての力を合わせると、大きさは 0 になるんだ」

ユーリ「ふーん……なんかうまくごまかされたみたいな」

僕「じゃあ、力のことをもう少しきちんと話してみよう」

ユーリ「うん！」

1.3 力について

僕「いまから話すのは、高校で習う物理学……そのうちの**力学**（りきがく）という分野の基本的なところだよ」

ユーリ「難しい？」

僕「いや、難しくはない。話を単純化するため、人を**質点**（してん）として考えよう。つまり質量のある点だね」

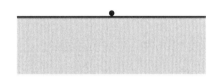

人を質点として考える

ユーリ「ふーん」

僕「それでね、力学で大事なのは**注目している質点に働いている力をすべて見つける**ことなんだ」

ユーリ「力を……すべて見つける」

僕「そう。ユーリはさっき『重力が働いているのに加速度が 0 なのはおかしい』って言ったけど、それは、ユーリが見逃した力があるってことなんだね」

ユーリ「ほほー」

僕「力をすべて見つけることができたら、基本的な力学の問題は解ける。それがニュートンの運動方程式のすごいところなんだけど、まずは注意深く力を探すことが大事になるんだ」

ユーリ「ふんふん」

僕「で、力を探すときには**何から何に対して働いている力か？**に注意することが大事」

ユーリ「え、お兄ちゃん、なんかあたりまえのこと言ってる？」

僕「うん。あたりまえのことを言ってる。でも、これが意外に難しいんだ。ふだんはそんなに厳密に力のことを考えないからね。何から何に対して働いている力か、なんて」

ユーリ「話がわかんなくなってきた。具体的に説明してよ。まず重力はいいんでしょ？」

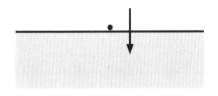

重力？

僕「うん。いまユーリは何となく下矢印を描いたけど、こういう描き方はあまりよくない」

ユーリ「え、また細かい話？」

僕「いやいや、大事な話。いま、お兄ちゃん言ったばかりだろ。**何から何に対して働いている力か？**が大事だって。だから、

こんなふうに描いたほうがいい」

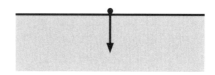

地球から人に対して働いている重力

僕「こうすれば、重力が地球から人に対して働いている力だということがよくわかる」

ユーリ「ははーん。《何から何に対して》をはっきりさせるってそういう意味なんだね」

僕「そうだね。そして、さっきお兄ちゃんが言った、地面が人を押し返す力がある。描いてみよう」

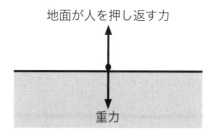

重力と、地面が人を押し返す力

ユーリ「……ねえ、お兄ちゃん。この《人を押し返す力》って、どっから来たの？」

僕「この押し返す力は地面から来たんだね。人が地面を押す力を

作用の力というなら、地面が人を押し返す力は**反作用の力**になる」

ユーリ「反作用……聞いたことある。作用・反作用って習ったよ。押したら押し返される」

僕「もっとも、作用と反作用という呼び方は相対的なものだから、どちらが作用と決まってるわけじゃない。片方を作用の力と呼んだら、別のほうを反作用の力と呼ぶことになるんだよ」

ユーリ「そっかー。作用・反作用って力の話だったんだ！」

僕「何の話だと思ってたんだ？」

ユーリ「いや、先生の話あんまし聞いてなかった。だって、押したら押し返されますって、あたりまえすぎて何がなにやら」

僕「ああ、そういうところはあるねえ。作用・反作用の法則はあたりまえみたいに感じる。でも大事なのは《何に対する力》なのかを注意深く考えることだよ」

作用・反作用の法則
質点 P が質点 Q に対して力を及ぼすとき、質点 Q は質点 P に対して大きさが等しくて向きが逆の力を及ぼす。

ユーリ「？」

僕「質点 P と質点 Q だと抽象的でわかりにくいから、さっきの図で話をしよう」

(1) 重力　　　(2) 足を踏ん張る力　　　(3) 押し返す力

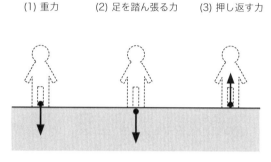

どんな力が出てくるか？

ユーリ「ほほー」

僕「ここには、3つの力が出てくる。

(1) 地球から人に対して働く力（重力）。
(2) 人から地球に対して働く力（足を踏ん張る力）。
(3) 地球から人に対して働く力（押し返す力）。

まず地球から、立っている人に対して重力が働くよね。それが (1) の力。そうすると、人は足を踏ん張って地球に対して力を掛けることになる。それが (2) の力。(1) と (2) は大きさも向きも同じだ」

ユーリ「……」

僕「人が地球に対して力を掛けると、地球は人に対して押し返してくる。これが (3) の押し返す力だね。もしも (2) を作用の力と呼ぶなら、(3) は反作用の力になる。(2) と (3) は大きさは同じで向きは逆。だから結局、(3) の力は、重力 (1) と同じ大きさで向きが逆ということになる」

ユーリ「……」

僕「立っている人に働く力は (1) と (3) ですべてだ。つまり《地球からの重力 (1)》と《地球からの押し返す力 (3)》の 2 つのことだよ。この 2 つの力は、大きさが同じで向きが逆になる。2 つの力を合わせると打ち消し合って力は 0 になる。力が 0 になったから加速度は 0 だ。したがって、この立っている人は静止し続けることになる。わかった?」

ユーリ「わかんない」

僕「がく。え、わかんない? どこがわかんなかった?」

ユーリ「お兄ちゃんが言った 2 つの力が打ち消し合って……というところはいーんだけど、その前がわかんなかった」

僕「その前って何だろう」

ユーリ「あのね。お兄ちゃん、説明しているとき 2 つの力じゃなくて、3 つの力の話をしたじゃん」

(1) 地球から人に対して働く力(重力)。
(2) 人から地球に対して働く力(足を踏ん張る力)。
(3) 地球から人に対して働く力(押し返す力)。

僕「そうだね」

ユーリ「(2) の、足を踏ん張った力はどこに行ったの? 都合がいいものだけ持ってきたみたい。この足を踏ん張る力は何でスルーしたの? わかんなくなった」

僕「なるほど! これは重要なところだよ。ねえユーリ、この足を

踏ん張る力（2）っていうのは、《何から》《何に対して》働いている力だと思う？」

ユーリ「えっと……《人から》《地球に対して》かにゃ？」

僕「その通り！ お兄ちゃんが足を踏ん張る力を無視したのは、この力は地球に対して働いている力だからなんだ。いまは人に対して働いている力をすべて見つけようとしていた。人に対して働いている力は、重力（1）と、地球が押し返す力（3）の2つだけ。足を踏ん張る力（2）は地球に対しての力だから関係がない」

(1) 重力　　　(2) 足を踏ん張る力　　　(3) 押し返す力

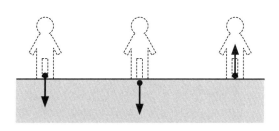

人に対して働いているのは (1) と (3)

ユーリ「あ、そっか！」

僕「そうなんだよ、ユーリ。力をすべて見つけ出す。そのときに、何から何に対して働いている力なのかを十分注意する。そのことが力学ではとても大事なんだ」

ユーリ「わかったよ。お兄ちゃん！……あ、でももう一つだけ」

1.4 等速直線運動

ユーリ「さっきお兄ちゃん、加速度 0 になる理由をまとめてくれたじゃん？ あれ、何だか変だった」

僕「え、そうかな。立っている人に働く力はぜんぶ見つかったよね。地球からの重力と、地球が押し返す力。この 2 つの力だけだよ」

ユーリ「うん、それは納得」

僕「この 2 つの力は、大きさが同じで向きが逆になる。2 つの力を合わせると打ち消し合って力は 0 になる」

ユーリ「うん、それも納得」

僕「力が 0 になったから加速度は 0 だ。したがってこの立っている人は静止し続けることになる」

ユーリ「そこ！ 何か変な感じがしたの！」

僕「そう？」

ユーリ「《力が 0 だから加速度が 0》はいいんだけど、加速度が 0 っていうのは速度が変化しないってことでしょ？ 速度が変化しないっていうのは、静止し続けるってことなの？」

僕「お！ ユーリ！ ほんとにユーリは賢いなあ！」

ユーリ「ホメ言葉は後にして話を進めてよ」

僕「うん。ユーリの言う通りだ。加速度が 0 というのは速度が変

化しないということ。ユーリが考えたように、速度が変化しないといっても静止し続けるとは限らない。速度が一定のまま、つまり速度の大きさも向きも変えずに動き続けていてもかまわない。すなわち、**等速直線運動**をしててもいい」

ユーリ「とーそく・ちょくせん・うんどー？」

僕「そうだよ。こんな様子を考えればいい。つるつる滑るスケートリンクの上に立っている人だ。この人に働く力は重力とスケートリンクが押し返す力の2つ。これが釣り合っているから打ち消し合って力は0になる。加速度は0だ。でも、この人はもしかすると静止していないかもしれない」

ユーリ「あはははははっ！ 本人はじっと止まったつもりでも、つつつつーと横に滑ってるかもしれないんだね！」

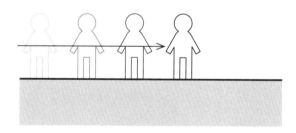

等速直線運動

僕「その通り！ 力が0で加速度が0だとしても、等速直線運動、つまり一定の速度で直線上を運動しているかもしれない」

ユーリ「あー、想像したら笑っちゃった。まじめな顔したお兄ちゃんがカチンと固まったまま横に滑ってくの」

僕「僕がモデルか！」

ユーリ「あー、大笑い大笑い」

僕「涙流してまで笑うなよ」

ユーリ「ほんで、もう一つ質問思いついちゃった」

僕「何？」

1.5 人は2本足

ユーリ「人って2本足じゃん？ 地球を押す力っていっても足で押すわけだよね。足が2本あっても力が2倍になったりしないの？」

僕「うん、ならないよ。質点だと説明できないから、人の形を描いてみようか。そうはならないね」

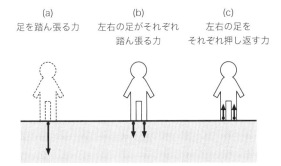

(a) 足を踏ん張る力の大きさを1とする。

(b) 左右の足がそれぞれ踏ん張る力の大きさは $\frac{1}{2}$ ずつになる。

(c) 作用・反作用の法則で左右の足をそれぞれ押し返す力の大きさもそれぞれ $\frac{1}{2}$ ずつになる。

僕「右足と左足に均等に力を掛けているとすると、右足が地面を押す力と、左足が地面を押す力は等しくなる。その2つの力を加えるとちょうど地球が人を引っ張る重力に等しくなる。簡単にいえば、右足に $\frac{1}{2}$ の力、左足に $\frac{1}{2}$ の力になるね。だから、作用・反作用の法則で右足と左足を地球が押し返す力もそれぞれ $\frac{1}{2}$ だよ」

ユーリ「ふーん……ま、そっか」

1.6 《力》って？

ユーリ「ところで、気になってきたことがあるんだけど」

僕「なに？」

ユーリ「あのね、お兄ちゃん。**力って、数なの？**」

僕「おっと！ 深い質問だなあ」

ユーリ「さっきから、お兄ちゃん、力を足したり半分にしたりしてるでしょ。だから力って数なのかなと思って」

僕「ふむふむ。ユーリはどう思う？」

ユーリ「うーん……よくわかんにゃいんだけど、数じゃないと思う。数みたいなんだけど、数じゃない」

僕「どうしてそう思ったの？」

ユーリ「あのね、力って、こー……なんてゆーか、ぐぐぐぐっと強いものじゃん？ でも数は——数はもっと静かな感じがするから」

僕「へえ、おもしろいな」

ユーリ「そんでそんで？ 答えは何なの？ 力って、数なの？」

僕「お兄ちゃんもうまくいえないけど……力は数そのものじゃない。でも、数のように計算できるものだよ」

ユーリ「数のようにけーさんできるもの？」

僕「そう。力を考えるとき、僕たちはいろんなことを調べたいよね。どれだけの大きさの力が働いているかとか、どっち向きの力かとかね。そういうことを考えたり、書いたり、伝えたりするときに、数を使うことができる」

ユーリ「ふーん」

僕「数を使って僕たちはいろんなものを表現する。何かを数えるとき、温度を調べるとき、体積を量るとき……そういうとき、僕たちは数を使う」

ユーリ「ふんふん」

僕「それと同じように、《力》を表現するときも僕たちは数の助けを借りるんだ。数は言葉みたいなものだね。表現するために使うもの」

ユーリ「うん、なんとなくわかってきた。力を表すために数を使うことがある」

僕「そうだね。あ、そうだ。人が地面に立っているときの力は一直線上にあるから普通の数でも表せるけど、一つの数だけでは力を表せないこともある」

ユーリ「数が使えないときがあるの？」

僕「うん。そうだよ。**力には《向き》と《大きさ》がある**からね。力のように、向きと大きさを持つものを表したいときには、数じゃなくて**ベクトル**を使うんだ」

ユーリ「ベクトル？」

1.7 糸で吊された重り

僕「そう。力は、ベクトルを使って表せる」

ユーリ「ベクトルってどんなの？」

僕「そうだなあ……ベクトルはとってもおもしろいんだけど、ベクトルの話をする前に力の話をしよう。そのほうがわかりやすいから」

ユーリ「い〜よ」

僕「たとえば、こんな重りを考えてみよう。斜め上に向かう糸が2本あって、そこにぶらさがっている重りだね」

ユーリ「おもり？」

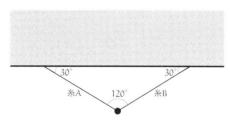

糸 2 本で下げられている重り

僕「真ん中の黒いのが重り。左に糸 A が伸びていて、右に糸 B が伸びている。この状態で重りは静止しているとする」

ユーリ「ほほー」

僕「さっき、力学で大事なのは**注目している質点に働いている力をすべて見つける**ことだって言ったよね」

ユーリ「うん」

僕「この重りを質点だと思うと、この重りに働いている力は何があるだろう」

> **問題 1**
> この質点（重り）に働いている力にはどんなものがあるか。
> すべて見つけよう。
>
>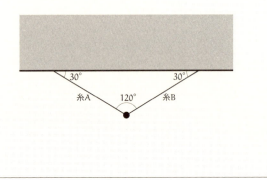

ユーリ「重力は？」

僕「そうだね。地球からこの重りに対して働いている**重力**がある。ねえユーリ。力を考えるときには、《何から何に対して》をはっきりさせるんだよ」

ユーリ「そーだった。地球からこの重りに対して働く重力がある」

僕「うん、それでいいね。他に働いている力はあるかな？」

ユーリ「えっと……糸の力？」

僕「《何から何に対して》」

ユーリ「あ。糸からこの重りに対して働く重力……じゃないか。なんていう力？」

僕「糸の張力（ちょうりょく）っていうね」

ユーリ「ちょうりょく……」

僕「うん。糸がピンと張って引っ張る力だ」

ユーリ「糸からこの重りに働く張力がある……でいいの？」

僕「いいよ」

ユーリ「ねえ、お兄ちゃん。よくわかんないんだけど、糸がピンと張ってるってことは、糸は天井に結んだ側も引っ張るわけじゃん？ 斜め下に」

僕「そうだね」

ユーリ「その力は考えなくてもいいの？」

僕「うん、考えなくていい。いま僕たちが注目しているのはこの重りだから、この重りに対して働く力だけを考えよう。だから《何から何に対して》をきちんと考えることが大事なんだ」

ユーリ「あっ！ そーだった」

僕「それから？ 他の力は？」

ユーリ「え、重りに働く力、他にあるの？」

僕「それはお兄ちゃんがユーリに対してたずねている質問だよ」

ユーリ「えー、なんだろ」

僕「……」

ユーリ「重力と、張力と……あ、空気抵抗とか？」

僕「いやいや、この重りは静止しているから空気抵抗の力などは働いてないね」

ユーリ「そっか。うー、くやしーな。わかんない」

僕「他にはもう力はないかな？」

ユーリ「……もう、ないと思う」

僕「はい正解です」

ユーリ「なにそれひどい！」

僕「ひどくないよ。力学の問題を考えるときには、注目している質点に働く力をもれなく、だぶりなく探すことが大事なんだよ。だから『うん、もう他には働いている力はない』と自分で判断しなくちゃいけないんだ」

ユーリ「わかったよー……」

僕「これで、重りに働く力がすべてわかったね」

解答 1

この質点（重り）には、以下の 3 つの力が働いている。

- 地球から重りに働く重力
- 糸 A から重りに働く張力
- 糸 B から重りに働く張力

ユーリ「ふーん。そんで？」

僕「力はこれですべて。そして、この重りはずっと静止している。ということは、すべての力を合わせたとき、力の大きさは 0 になっているはずだ。もし力の大きさが 0 になっていなかったら加速度が生じるはずだから」

ユーリ「ふんふん。いいよん。地面に立ってる人と同じだね」

僕「力には向きと大きさがある。そして向きはもうわかっている」

ユーリ「重力は下向きでしょ？」

僕「うん。物理では重力の働く向きのことを**鉛直下向き**というね」

ユーリ「えんちょくしたむき……」

僕「それから、糸の張力は糸に沿った向きに働く。わかるよね」

ユーリ「うんわかる。糸が引っ張っている方向に力が働くってことでしょ？」

僕「そうなんだけど、**向き**という言葉と**方向**という言葉は物理では区別して使っているよ」

ユーリ「向きと方向……って違うの？」

僕「物理では区別するね。力がどちらに向いているかは《向き》という言葉を使う。上向き、下向き、糸に沿って左上向き、鉛直下向き——」

ユーリ「じゃ、方向は？」

僕「《方向》は注目している直線を指す。上下方向や左右方向のようにね」

ユーリ「へー、めんどくさいね」

僕「さっきの解答に向きを書いておこうか」

解答 1a（向きを書いた）
この質点（重り）に働いている力には以下の3つがある。

- 地球から重りに働く重力（鉛直下向き）
- 糸Aから重りに働く張力（糸Aに沿って左上向き）
- 糸Bから重りに働く張力（糸Bに沿って右上向き）

ユーリ「そんで、この重りがどうしたの？ もう力は全部わかったけど」

僕「次はこんな問題が解きたくなるはず」

問題 2

地球から重りに働く重力の大きさを 1 としたとき、糸 A と糸 B から重りに働く張力の大きさを求めよう。

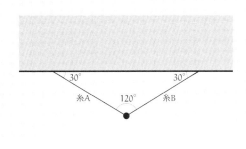

ユーリ「張力の大きさ？」

僕「そう。力の向きはわかったけれど、大きさがまだわかっていない。でも、ここで僕たちは困ってしまう」

ユーリ「何で？ さっきの立ってる人と同じよーに考えれば？」

僕「地面に立っている人を考えたときは、働いている力は 2 つしかなくて、しかも一直線上にあった。これなら話は簡単だった。逆向きで同じ大きさの力ならば釣り合うことがすぐわかったからね。でも今度は違う。力は 3 つあって、しかもばらばらの方向を向いている。この力が釣り合うのは——つまり 3 つの力を合わせた力の大きさが 0 になるようにするには、どう考えたらいいんだろう」

ユーリ「でも、下に引っ張る重力が 1 つあって、上に引っ張る糸

は 2 本なんだから、糸が引っ張る力は重力の $\frac{1}{2}$ じゃないの？さっきお兄ちゃん、人の 2 本の足が押す力は $\frac{1}{2}$ だって言ったじゃん？」

僕「足は同じ向きに力を掛けていたからね。もしも重りを支える 2 本の糸が同じ向きに引っ張っていたらユーリの考えは正しいよ。でも糸 A と糸 B は重りを別の向きに引っ張っているからね」

ユーリ「あ、そっか。じゃ、どーすればいいの？」

僕「そこで《力の足し算》を考える」

ユーリ「ちからのたしざん」

1.8 力の足し算

僕「質点に働く 2 つの力は足し合わせて 1 つの力で表せるんだ。その力は**平行四辺形の対角線の向きと大きさを持つ**。これは力の性質」

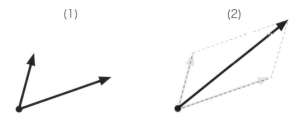

2 つの力を足し合わせて、1 つの力で表せる

ユーリ「ふーん……」

僕「(1) のような 2 つの力が質点に働いているとしよう。そのとき、(2) のように 1 つの力だけが働いていると考えてもかまわない。2 つの力が作り出す平行四辺形を考えて、対角線の向きと大きさを持った力と置き換えられるということ。わかる？」

ユーリ「何となくわかる」

僕「平行四辺形を使って、2 つの力を足し合わせて 1 つの力にすることもできるし、逆に 1 つの力を 2 つの力に分けることもできるんだ」

1.9　張力の足し算

僕「ここで、僕たちの重りの問題に戻ろう」

問題 2

地球から重りに働く重力の大きさを 1 としたとき、糸 A と糸 B から重りに働く張力の大きさを求めよう。

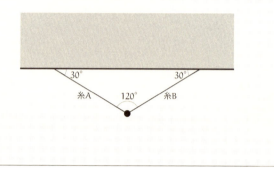

僕「重力は鉛直下向きに働いていて、重りは静止している。ということは、2 つの張力を 1 つに合わせた力は、重力と同じ大きさで逆向きになっていなくてはいけない。複数の力を 1 つに合わせた力を**合力**という。なので、糸 2 本の張力を合わせた《合力》は、《重力》と同じ大きさで逆向きだということになる。重力が鉛直下向きだから、合力は鉛直上向きになる」

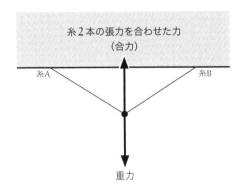

重力と、張力の合力は釣り合うはず

ユーリ「あ。そーか。2つの力がちょーど釣り合うってこと？」

僕「その通り。そして、糸2本の張力はそれぞれの糸に沿って斜め上に向いているわけだから……ちょうど、合力が対角線に来るような、こういう平行四辺形を考えればいい。これで糸2本の張力がわかる」

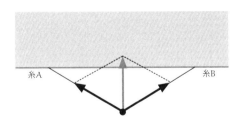

1つの合力を2つの張力に分解する

ユーリ「ふんふん。平行四辺形だ」

僕「これで、重りに働くすべての力が描けたことになる」

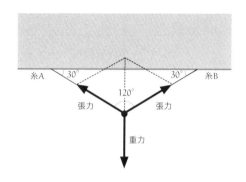

重りに働くすべての力

- 地球から重りに働く重力（鉛直下向き）
- 糸 A から重りに働く張力（糸 A に沿って左上向き）
- 糸 B から重りに働く張力（糸 B に沿って右上向き）

ユーリ「あれ、大きさは？」

僕「実は、この 3 つの力の大きさはすべて等しい」

ユーリ「……」

僕「なぜ大きさが等しいか、わかる？」

ユーリ「うん、わかる！ これ！ 正三角形ふたつじゃん！ だって、一つの角度が 60° になるもん！」

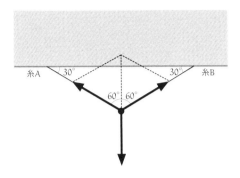

2つの正三角形

僕「その通り！ ユーリは賢いなあ」

解答 2

地球から重りに働く重力の大きさを 1 としたとき、糸 A と糸 B から重りに働く張力の大きさはどちらも 1 になる。

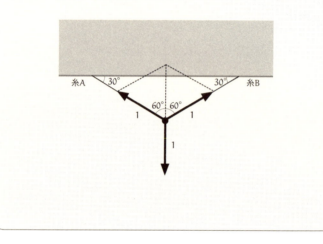

ユーリ「ねえお兄ちゃん、これ結局何をやったことになるの？」

僕「うん。僕たちはこれで、一直線上に**ない**力の釣り合いを考えたことになる」

- 糸 2 本で吊された重りが静止している。
- 重りに働く力は 3 つある。
- 糸 2 本の張力を足した合力は、
  重力と同じ大きさで逆向きである。
- 平行四辺形を使って、糸 2 本の張力をそれぞれ求められる。

ユーリ「……」

僕「あれ？　わからなくなった？」

ユーリ「そーじゃなくて……これって理科なの？　数学なの？」

僕「うん、力学は物理学の一分野だから、理科になるかな」

ユーリ「あのね、ほら平行四辺形が出てきたから」

僕「そうだね。物理学の問題を解くときにはあたりまえのように数学を使うよ。図形の性質も使うし、もちろん計算もする。あ、そうそう。《ベクトル》も使う」

ユーリ「あ、そーだった。ベクトルの話はどうなったの？」

僕「うん。力を表すのに矢印を使ってきたよね。力には向きと大きさがある。矢印にも向きと大きさがある。大きさというのは矢印の長さのことだけど」

ユーリ「ふんふん」

僕「向きと大きさがあるものは、ベクトルで表せる。そしてベクトル同士を足すこともできる」

ユーリ「ベクトルって、矢印のことなの？」

僕「それは正確に答えるのが難しい質問だなあ。力は向きと大きさを持っている。矢印も向きと大きさを持っている。ベクトルも向きと大きさを持っている。だから、力を矢印で表せるし、力をベクトルで表せる。ベクトルを矢印で表すこともよくある。矢印は、ベクトルという抽象的なものを具体的に見せるための書き方——だと考えるのがいいと思うな」

ユーリ「すっきりしないにゃ」

僕「たとえば、『数って、数字を並べたもののことなの？』と聞かれるような感じだよ。数は数字を並べて表すことがある。でも数は数字を並べたものである、と言い切るには抵抗があるよね」

ユーリ「うー……にゃるほど」

僕「数を数字で表していると計算しやすい。それと同じように、ベクトルを矢印で表すと目で見てわかりやすい。だから、便利な道具として矢印を使えばいいんだ」

ユーリ「ちょっとわかった」

僕「ベクトルの足し算は、力の足し算と同じように平行四辺形を使って定義するんだよ」

ユーリ「ベクトルってよくわかんないけど、足し算もできるんだ」

僕「ベクトルは数のように足し算もできるし、引き算もできる。ただ、向きを考えなくちゃいけないから、数の足し算引き算とは少し違うけれどね」

ユーリ「掛け算は？ ベクトルの掛け算もできるの？」

僕「できるよ。数の掛け算は一種類だけど、ベクトルの掛け算にはいくつか種類がある」

ユーリ「へー！ 教えてよ！」

母「子供たち！ スパゲティできたわよ！」

ユーリ「はーい！」

　母の《スパゲティコール》で、僕とユーリの数学トークはいっ

たん一休みとなった。それにしても——ユーリの「ベクトルって、矢印のことなの？」という質問には、ちょっとドキッとした。僕が高校でベクトルを初めて学んだとき、まったく同じ疑問を持ったからだ。初めのうち、ベクトルは矢印そのものに見える。でもやがて気づく。ベクトルは矢印で表されることがあるけれど、決して矢印そのものじゃないってことに。

"方向をぴったり揃えなければ、完全に逆向きにはならない。"

第1章の問題

解こうとしている問題に関連していて、
すでに解いたことのある問題がある。
それを使うことはできないか。
—— George Pólya

●**問題 1-1**（作用・反作用の法則）
重りを糸で吊ったとき、重りには重力が働いています。地球から重りに働く重力を作用の力とするとき、反作用の力は何から何に働く力になるでしょうか。

（解答は p.236）

●問題 1-2（すべての力を探す）

以下の図のように、重りがバネで吊られて静止しています。このとき、重りに働く力をすべて探してみましょう。《何から何に働く力であるか》ならびに《向きと大きさ》を答えてください。

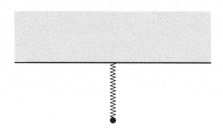

（解答は p. 237）

●問題 1-3（合力）

以下の図のように、質点に2つの力が働いているとします。このとき、2つの力の合力を図示してください。

（解答は p. 238）

●問題 1-4（力の釣り合い）

以下のように、静止している質点にピンと張った糸が3本つながっているとします。図では1本の糸から質点に働く力だけが示されています。他の2本の糸から質点に働く力も図示してください。

（解答は p. 239）

第2章
無数の等しい矢

"新しいものを作るのは、新しいものを探すより難しいか。"

2.1 図書室にて

僕「……ユーリと、そんな話をしてたんだよ」

テトラ「ユーリちゃんって、ベクトルもわかるんですか！」

　テトラちゃんは僕の後輩。いつも放課後の図書室でいっしょに数学トークをする。今日は、ユーリにベクトルを教えたときの話をしていた。

僕「といっても、足し算だけだよ。矢印で平行四辺形を作る話」

テトラ「それでもすごいと思います。ベクトルという言葉を聞いても『難しい』っていやがらないんですから……あ、きっと先輩の教え方が上手なんでしょうね」

僕「そうでもないよ」

テトラ「あたしも以前、先輩からベクトルについて教えていただいたとき、いろんなことがはっきりしましたし」

僕「ああ、そんなこともあったね」

テトラ「はい……えぇと、単位ベクトルのお話や、ベクトルを成分で考える話。点と点を計算する話。それから点を座標平面で回転させる話も*」

僕「うんうん。覚えてるよ」

テトラ「ベクトルといえば、少し気になることがあるんですが、質問いいですか？」

僕「もちろん、いいよ。何が気になるの？」

テトラ「先輩はユーリちゃんに**ベクトルの和**を教えるとき、平行四辺形の対角線を使って説明なさっていましたよね」

僕「そうだね」

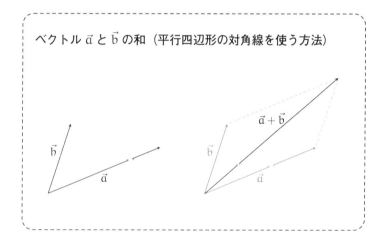

---

*　『数学ガールの秘密ノート／丸い三角関数』参照。

テトラ「確かにこの方法で足し算をした感じではあるんですが——あたしは $\vec{a}$ と $\vec{b}$ をつなげる方法で納得したんです」

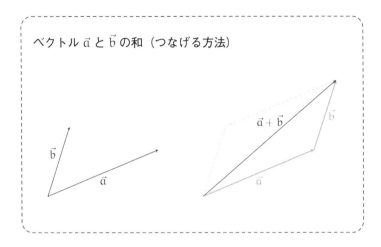

ベクトル $\vec{a}$ と $\vec{b}$ の和（つなげる方法）

僕「うん、なるほどね。終点と始点をつなげるんだ」

テトラ「はい。この図ではまず $\vec{a}$ の始点から終点まで矢印が走っています。そして、$\vec{a}$ の終点には $\vec{b}$ の始点が待っている。そこから $\vec{b}$ の矢印が走って終点まで行く——これならほんとうに $\vec{a}$ と $\vec{b}$ を順番に足してる！と、そんなふうに感じるんです」

僕「そうだね。確かにこんなふうに終点と始点をつないで考えてもいいよね。でも、対角線で考えても、つないで考えても、結果のベクトル $\vec{a}+\vec{b}$ は等しくなるよ」

テトラ「は、はい……それはそうなんですが。あたしって、何にひっかかってるんでしょうね」

僕「テトラちゃんは、何にひっかかっているんだろうね。たとえば、$\vec{a}+\vec{b}$ と $\vec{b}+\vec{a}$ が等しくなること——つまり、ベクトルの和は交換法則が成り立つこともすぐにわかるはずだし」

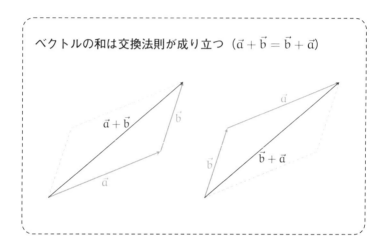

ベクトルの和は交換法則が成り立つ（$\vec{a}+\vec{b}=\vec{b}+\vec{a}$）

テトラ「はい、それは特にひっかからないんですが……」

 テトラちゃんは急に黙りこくってしまった。大きい目をぱちぱちさせながら深く考えている。僕は黙って彼女が考えをまとめるのを待つ。
 彼女は、自分が納得するかどうかにとても関心がある。テトラちゃんは自分の《わかった感じ》をとても大事にしているのだ。

テトラ「……あのですね、先輩。あたしがひっかかっているのは、**勝手に動かしていいの？** というところのようです」

僕「勝手に動かす——って、ベクトルを？」

テトラ「はい。たとえば、$\vec{a}$ と $\vec{b}$ がこうあるとしますよね」

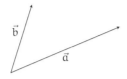

僕「うん。この2つのベクトルを足そうというんだね」

テトラ「はい。でも、あたしがさっきやった《つなげる方法》ですと、$\vec{b}$ をこんなふうにすすすすっと $\vec{b}'$ まで動かしてから足さなくちゃいけなくなります」

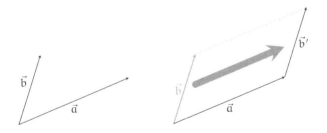

僕「ああ、そういうこと？ それで《勝手に動かす》と——」

テトラ「そうです、そうです。たとえば数を足すときなら、足す数を勝手に変えちゃだめですよね。でもベクトルを足すときには勝手に動かしてる……あたしは、そこにひっかかっているみたいです」

僕「なるほど。勝手に動かしていいのだろうかという疑問だね」

テトラ「はい……素直に考えられなくてすみません」

僕「いやいや、ぜんぜん謝る必要はないよ！ テトラちゃんの疑問はほんとうに大事な疑問だと思う。確かにそう感じるのも無理はないよ。足す前に $\vec{b}$ を動かしてしまったら、それは $\vec{b}'$ という別のベクトルじゃないか、というんだね」

テトラ「そうですそうです！」

僕「テトラちゃんの疑問には答えられると思うよ」

テトラ「そうですか！ ぜひ教えてください！」

2.2 《等しさ》の定義

僕「うん。これは、**ベクトル同士が等しいとはどういうことか**という疑問になるね」

テトラ「等しいとはどういうことか……？」

僕「そうそう。テトラちゃんが気にしていたのは、$\vec{a}+\vec{b}$ を求めるときに $\vec{b}$ を勝手に動かしてもいいのかということだけど、動かす前のベクトルと動かした後のベクトルが**等しい**という保証があれば問題ないわけだよね。動かす前の $\vec{b}$ を足す代わりに、動かした後の $\vec{b}'$ を足す。そのときに、$\vec{b}=\vec{b}'$ という保証があれば問題ないよね」

テトラ「ははあ……確かにそうですが、動かしているのに等しいなんて、そんな保証あるんですか？」

僕「あるよ。**平行移動したベクトル同士は互いに等しい**という性

質があるからね。さっき $\vec{b}$ を $\vec{b}'$ に動かすときには平行移動している。だから $\vec{b} = \vec{b}'$ といえる」

テトラ「性質……でも、それだけでは納得できない、ような」

僕「そう？」

テトラ「そうです。だって、平行移動しているということは場所が変わっていますよね。図形問題を解くとき、点や線を勝手に動かすことはできません。なのにベクトルは平行移動しても等しいという性質があるなんて……す、すみません。まだよくわからないみたいです」

僕「うんうん。テトラちゃんの不満はもっともだなあ。ベクトルの**性質**という言い方はよくなかった。『ベクトルは、平行移動しても**等しいと見なそう**』あるいはもっと強く『平行移動したベクトル同士は**等しいと定義しよう**』というべきだった」

テトラ「定義……？」

僕「いま僕たちはベクトルという数学的なもの——**数学的対象**を考えたいんだよね。矢印を使って描いている、そのベクトルという数学的対象に対して、**等しさ**という概念を定義したい。定義しなくちゃ、『あのベクトルとこのベクトルは等しい』という主張なんて、そもそもできないからね」

テトラ「ベクトルの、等しさを、定義する？」

僕「そうだね。ベクトルという数学的対象に対しては、平行移動したもの同士は等しいと見なしましょう——ということなんだ。ベクトルにおける等しさの定義」

テトラ「……」

僕「定義してしまえば、もう文句はない。$\vec{b}$ をどう平行移動しても、それは等しいベクトルになる。何しろ、そう定義しちゃったんだから文句はいえない」

テトラ「そうですね。そう定義されているなら反論は無意味です」

僕「もちろん、そういう定義をするのは妥当なのかとか、数学的におもしろいことがいえるかとか、そういう話はまた別にあるけれどね」

テトラ「……なるほどです。あ、あたしの疑問はさくっと消えちゃいます。『勝手に動かしていいのか』と疑問に思っていましたが、『ベクトルなんだから、いくら平行移動しても等しいままだよ』ということなんですね。『なにしろ、ベクトルは平行移動しても等しいと定義してあるから！』って」

僕「その通り！　《ベクトルは平行移動しても等しい》というのは、言い換えると《ベクトルは向きと大きさを変えなければ等しい》ともいえるよ」

テトラ「なるほどです！」

僕「それにしても、テトラちゃんは飲み込みが早いね」

テトラ「いえ……こんな細かいことに時間をかけていただいてすみません」

僕「いやいや、細かいことじゃないと思うな。それどころかすごく大事なことだと思うよ」

テトラ「あ、ありがとうございます」

2.3 ふにゃふにゃベクトル

僕「実は僕も、ベクトルの足し算で最初とても悩んだんだよ」

テトラ「そうなんですか！」

僕「テトラちゃんと似たようなことを考えたのを覚えてる。ベクトルの足し算は《つなげる方法》でいったん納得して、それからしばらくして《平行四辺形の対角線》のほうが整っているなと思ったんだよ」

テトラ「意外です！ 先輩ならすぐわかっちゃうと思ってました」

僕「いやいや、そんなことないよ。うん、そうだ。思い出してきたぞ。《つなげる方法》がうまくいくなあと思ったことがあったよ。それは**ベクトルの差**を考えるときなんだ。つまり、ベクトルの引き算だね」

テトラ「引き算……足し算じゃなくて？」

僕「たとえば、$\vec{a}+\vec{b}$ のベクトルを $\vec{c}$ と呼ぶことにしようか。つまりこうだとしよう」

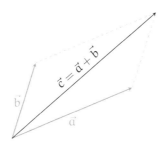

テトラ「はい。$\vec{c}$ は $\vec{a}$ と $\vec{b}$ の和ということですね」

僕「それで、ベクトルの差を考える。$\vec{c} - \vec{a}$ は何だろうか？」

テトラ「え、ええっと、$\vec{c} = \vec{a} + \vec{b}$ なんですから、$\vec{c} - \vec{a} = \vec{b}$ ではないでしょうか」

僕「うん、もちろん答えは $\vec{b}$ でいいんだけど、その引き算を矢印で納得できるか、というのが僕の疑問だったんだ」

テトラ「ははあ、図形として納得できるかということでしょうか。$\vec{c} - \vec{a}$ を矢印で考える……な、なるほど、難しいですね」

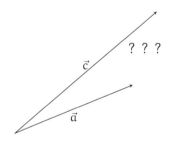

図形的に $\vec{c} - \vec{a}$ をどう考えるか

僕「ね、難しいよね。そのとき、僕はひらめいたんだよ。そうだ、《ふにゃふにゃベクトル》を考えればいい！っで」

テトラ「ふにゃふにゃベクトルっ?!」

テトラちゃんが大声を上げたせいで、司書の瑞谷先生が司書室から現れた。先生は図書室の静寂が破られると即座に登場するのだ。僕とテトラちゃんはあわてて机に顔を伏せて沈黙する。

ふにゃふにゃベクトル？

テトラ「(先輩。ふにゃふにゃベクトルってなんですか)」

僕「(ちょっと待って。もう少ししたら教える)」

　やがて、瑞谷先生が司書室に戻った。

テトラ「先輩。ふにゃふにゃベクトルってなんですか」

僕「うん、僕は $\vec{c}$ をこういうふうに考えたんだ」

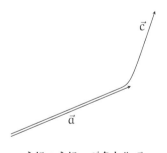

ふにゃふにゃベクトル $\vec{c}$

テトラ「こ、これは？　確かにふにゃっと曲がってますが……」

僕「**ベクトルは始点と終点が大事**なのであって、途中はどうでもいい。だから、都合がいいように矢印の途中をふにゃふにゃ

曲げてもかまわない——と気づいたんだよ」

テトラ「ベクトルは始点と終点が大事？」

僕「そう。始点と終点さえ決まればベクトルは決まる。途中は問わない。僕はそう気づいたんだ。そうすると、ベクトルの引き算 $\vec{c} - \vec{a}$ はこんなふうに図形的に考えられる」

ふにゃふにゃベクトルで、ベクトルの引き算 $\vec{c} - \vec{a} = \vec{b}$ を考える

テトラ「ははあ……ふにゃっと曲がった $\vec{c}$ から、$\vec{a}$ を取ってしまえば、その残りが $\vec{b}$ ということですね」

僕「その通り。これで僕は $\vec{c} - \vec{a} = \vec{b}$ を納得できたんだ。このふにゃふにゃベクトル $\vec{c}$ は、ベクトルの和をつなげる方法で $\vec{a} + \vec{b}$ を考えたことになるよね」

テトラ「なるほど……そう考えることもできるんですね」

ベクトルの差 $\vec{c} - \vec{a}$

2.4 無数の等しい矢

僕「ベクトルの差を習ったとき、そんなことを考えたんだよ」

テトラ「ベクトルは始点と終点で決まる……あれ、でも、そうすると、矢印は直線じゃなくてもいいってことですよね」

僕「うん、そうだよ。ベクトルを直線の矢印で表すのはわかりやすいけれど、それは一面的な見方なんだ」

そう言いながら僕は「ベクトルって、矢印のことなの？」というユーリの質問を思い出していた。

テトラ「……」

テトラちゃんは親指の爪をそっと噛んでいる。どうやら、思考モードに入ったようだ。しばらくたってから、彼女はゆっくり顔をあげる。

テトラ「……先輩？」

僕「何?」

テトラ「話、戻ってしまうんですが……ベクトルのことです」

僕「うん」

テトラ「先輩は、平行移動したベクトル同士をすべて等しいと見なすとおっしゃいましたよね」

僕「うん、そういう話をしてたんだけど?」

テトラ「それは、たまたま、ですよね」

僕「?」

テトラ「《等しさ》を定義するのに、平行移動を使わなくてもいいですよね」

僕「平行移動じゃなくても……まあ、いいといえばいいけど、それはもうベクトルじゃないなあ」

テトラ「平面の上だと、すすすすっという平行移動だけじゃなくて、ぐるぐるっという**回転移動**もありますよね」

僕「回転移動?」

テトラ「はい。あのですね、もしも、《ある矢印を平行移動や回転移動したもの同士はすべて等しい》と見なしたら……そんなふうにして《等しさ》を定義したら、いったいどんなものが生まれるんですか?」

テトラちゃんの疑問
ある矢印を平行移動や回転移動し、そのすべてを等しいと見なしたら、どんな数学的対象が生まれるのか。

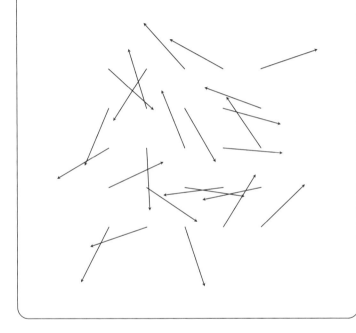

僕「なるほど……」

テトラ「どうなんでしょう……」

僕「わかった！ うん、僕は《たぶんこれかな》というアイディアが浮かんだよ。でも、テトラちゃんも考えてごらんよ。これはすばらしい疑問だと思うな」

テトラ「そ、そうなんですか……ええと」

　僕とテトラちゃんはノートを前にして並んで座っている。彼女はしばらくノートに図形のようなものを描いていたけれど、やがて、僕のほうを向く。

テトラ「す、すみません……やっぱりわからないです」

僕「ねえ、テトラちゃん。ちょっと想像してごらんよ。平面の上に矢印が1つある。そしてそれを平行移動させて得られるたくさんの矢印たち。それらはすべて**向き**は同じで**大きさ**も同じ。平行移動しただけなんだから、それらのベクトルはすべて等しい」

　僕が「想像してごらんよ」というと、素直なテトラちゃんはこちらに顔を向けたまま、そっと目を閉じた。彼女は……彼女はきっとたくさんの矢印を想像しているんだろう。でも、僕は目を閉じた彼女に、なぜか胸がどきどきしてしまった。

テトラ「……すね」

　テトラちゃんは目を閉じたまま答える。

僕「え？」

テトラ「はい、想像できますね。向きが同じで大きさも同じベクトル。たくさんの等しいベクトルさんたち」

僕「う、うん。それから次に、平行移動や回転移動をして得られるたくさんの矢印たちを想像する。いくらぐるぐる回してもいい。今度は何が同じになると思う？」

テトラ「なるほど、わかりましたっ！ 今度は向きがばらばらなものも等しい矢印だと思うわけですね。ということはもう向きは同じじゃありません。でも、**大きさ**は同じですっ」

テトラちゃんは、まだ目を閉じたままだ。

僕「そうだね」

平行移動と回転移動（大きさが同じベクトルたち）

　僕はそう言いながら、目を閉じたテトラちゃんをじっと見る。そういえば、目を閉じた彼女をこんなに間近で見るなんて、これまでなかったかもしれない。

ミルカ「何を見つめ合ってる？」

僕「うわっ！」

　ミルカさんが急に現れたので、僕はびっくりした。
　ミルカさんは僕のクラスメート。長い黒髪にメタルフレームの

眼鏡。いつも数学トークを導いてくれるリーダー的存在だ。それにしても——ああ驚いた。

　テトラちゃんが目を開ける。

テトラ「あ、ミルカさん！　……別に見つめ合っていたわけじゃないですよぅ。ベクトルのことを想像していただけです」

ミルカ「ふうん……ヴェクタがどうしたって？」

　ミルカさんはベクトルをいつもヴェクタと呼ぶ。英語読みらしい。

テトラ「あのですね。先輩がベクトルでは《平行移動しても等しい》というお話をしてくださったので、《平行移動と回転移動しても等しい》としたら何が生まれるかと質問していたんです」

ミルカ「そして見つめ合う二人」

僕「違うって。《平行移動と回転移動しても等しい》としたら、ベクトルの「大きさ」が生まれるとわかったんだよ。実数という数学的対象が生まれたといってもいいのかな」

ミルカ「ふうん……ずいぶん荒い議論だが、とりあえず訂正すると、生まれたのは《実数》というより《0以上の実数》だな」

僕「あ、そうか。負の数は生まれてないか」

ミルカ「しかし、議論が乱暴すぎる。初めからきちんとやろう」

僕「初めから？」

ミルカ「ヴェクタを作るところから」

2.5 ベクトルを作る

ミルカ「ヴェクタを習うとき、最初に矢印が顔を出すことが多い」

テトラ「はい、あたしも初め、ベクトルは矢印のことだと思っていました。まっすぐな矢印です。でも、それは一面的な見方なんですよね」

僕「ベクトルは始点と終点を決めれば決まるからね」

テトラ「はい。ふにゃふにゃベクトルも考えられますし」

ミルカ「ふにゃふにゃベクトル？」

僕「こういうのだよ」

ミルカ「ふむ」

僕「まずね、始点と終点のペアを考えてベクトルが1つ決まり、そのペアを平行移動したものはぜんぶ等しいとする——つま

り、同一視する。それがベクトルだよね」

ミルカ「それは正しい」

僕「平行移動したものを同一視するってことは、**向き**と**大きさ**がベクトルの本質だからだよね」

ミルカ「まあ、そういってもいい。平面や空間のヴェクタを考えているあいだは」

テトラ「それ以外のベクトルもあるんですか？」

ミルカ「ある。しかし、いまはその話よりも、《同一視》のほうを考えよう。同一視とはいったい何か」

僕「そりゃ……《何かと何かを同じものと見なすこと》だよ」

ミルカ「ふむ。ということは、同一視を議論する前に《何か》の範囲を決めておいたほうがよさそうだ」

テトラ「せ、先輩方……お話が抽象的すぎてわかりません」

ミルカ「具体的な話をしよう。これから平面上のヴェクタというものを定義する。座標平面上の点から話を始めよう。平面上の 1 つの点は (x, y) という 2 つの実数の組で表せる」

僕「うん」

テトラ「はい」

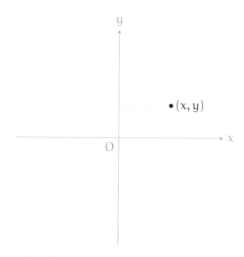

平面上の 1 点を、2 つの実数の組で表す

ミルカ「そして、平面全体は《2 つの実数の組 (x, y) 全体の集合》からできている。こうだ」

$$\{(x, y) \mid x, y \text{ は実数}\}$$

僕「そうだね」

テトラ「ええと、それは、$(0, 0), (1, 2), (3.5, -4), \ldots$ のような点がたくさんたくさん集まって平面ができている——というイメージでいいんですよね」

ミルカ「それでいい。大事なことは、《平面》という幾何学的な言葉を、《2 つの実数の組 (x, y) 全体の集合》という幾何学的ではない言葉を使って言い換えたところ」

僕「ははあ、なるほど」

ミルカ「いまは、実数や組や集合などを既知の概念として議論を進めている。実数を使って図形を表現しよう」

テトラ「すみません。頭の回転が鈍くて——いまは何を議論しようとしているんでしょうか」

ミルカ「図形の助けを借りずにヴェクタを**定義**しようとしているところなんだよ、テトラ」

テトラ「ベクトルを……定義?」

ミルカ「ヴェクタを矢印で考えるのは直観的でわかりやすいし、まちがいではない。しかし、彼が同一視というおもしろい話を始めたから、同一視をきちんと考えてヴェクタを定義する」

テトラ「はい」

ミルカ「平面というものを《2つの実数の組 (x,y) 全体の集合》として表したとする。では、平面上のヴェクタはどう定義したらいいだろうか」

問題
《平面》を《2つの実数の組 (x,y) 全体の集合》で表す。このとき、《平面上のベクトル》はどう定義したらいいか。

僕「そうだなあ……」

テトラ「そういうことですか……平面を《平べったくてずっと広がっているもの》みたいに表すんじゃなく、《2つの実数の

組 (x, y) 全体の集合》のように表したとしたら、ベクトルはどうなるだろう、ってことですね！」

ミルカ「テトラは理解が早いな」

僕「ベクトルはこんなふうに表せるんじゃないかな。成分を考えればいいんだよ、きっと」

「僕」の答え
平面上のベクトルは、(a, b) で表せる。
ただし、a, b は任意の実数とする。

テトラ「あれ、あれれ？　先輩……あたし、混乱しています。先ほど先輩は、ベクトルは始点と終点が決まれば決まるとおっしゃっていましたよね。でも、これは、この (a, b) は一点じゃないんでしょうか？」

僕「うん、もし始点と終点の話をするなら、始点は $(0, 0)$ で、終点は (a, b) になるね。始点は決まっているから特にいう必要はない。だからベクトルを (a, b) と表せる。ベクトルの本質である、**向き**と**大きさ**もわかる。(a, b) で向きは決まるし、大きさは、$\sqrt{a^2 + b^2}$ で定義できるし」

テトラ「え……」

ミルカ「テトラの疑問を代弁するため、君にこんな質問をしてみよう。平面上の点 (x_0, y_0) から別の点 (x_1, y_1) へ向けて矢印を描いた。これはヴェクタかな？」

僕「もちろんベクトルだよ。矢印を描くかどうかは関係なくて、始点を (x_0, y_0) として、終点を (x_1, y_1) とするベクトルだよね」

ミルカ「いま、君は《始点を (x_0, y_0) として、終点を (x_1, y_1) とするヴェクタ》と言った」

僕「うん？」

ミルカ「しかし、君は先ほど (a, b) という2つの実数の組でヴェクタを表したと記憶しているが」

僕「あ、そうか……うん、僕が答えたのはベクトルというよりは、**位置ベクトル**になるのか。(a, b) という点をベクトルだと思うんだから。うん、そうだよ。《始点を (x_0, y_0) として、終点を (x_1, y_1) とするベクトル》というのは、《2つの実数の組 $(x_1 - x_0, y_1 - y_0)$ で表されるベクトル》と等しいから。成分ごとに、

$$終点 - 始点$$

という計算をするのが平行移動なんだし」

ミルカ「テトラ、いまの話はわかった？」

テトラ「は、はい。わかります。こういうふうに……なんというか、相対的な矢印というか、原点に平行移動して考えた矢印ですよね」

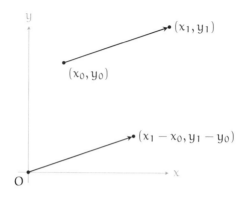

始点が原点になるように平行移動する

ミルカ「その通り。そこまで理解できているなら、抽象的に表現しても理解できるな」

テトラ「?」

ミルカ「ヴェクタの定義の話だよ。彼の答えはいったん忘れて、もう少しゆったりと考えよう。まず、始点 (x_0, y_0) と終点 (x_1, y_1) の組を考える。$\langle (x_0, y_0), (x_1, y_1) \rangle$ と書こうか」

$$\langle \underbrace{(x_0, y_0)}_{\text{始点}}, \underbrace{(x_1, y_1)}_{\text{終点}} \rangle$$

僕「……」

ミルカ「そして、x_0, y_0, x_1, y_1 をすべての実数の範囲で考えた集合を A としよう」

$$A = \{ \langle (x_0, y_0), (x_1, y_1) \rangle \mid x_0, y_0, x_1, y_1 \text{ は実数} \}$$

僕「これは……この A は矢印全体の集合だね？」

ミルカ「そう考えていい。そしてこの集合に**同値関係**を入れる」

僕「同値関係？」

ミルカ「そう、君のいう《同一視》を数学的に表すためにね。A の要素同士に対して、何と何が《等しい》かを定義する。ここではイコール（＝）の上に点を打った記号（$\dot{=}$）を使ってみよう」

集合 A に同値関係 $\dot{=}$ を入れる

集合 A の 2 つの要素、

$$\langle (x_0, y_0), (x_1, y_1) \rangle \text{ と } \langle (x'_0, y'_0), (x'_1, y'_1) \rangle$$

を考える。そして、この 2 つの要素が《等しい》ことを、

$$\langle (x_0, y_0), (x_1, y_1) \rangle \dot{=} \langle (x'_0, y'_0), (x'_1, y'_1) \rangle$$

と書くことにする。これが成り立つのは、

$$x_1 - x_0 = x'_1 - x'_0 \quad \text{かつ} \quad y_1 - y_0 = y'_1 - y'_0$$

のときであり、そのときに限る（と定める）。

僕「これは！ なるほどね！」

テトラ「先輩方……テトラは道に迷っています……何をなさっているかの解説を……」

2.6 《同一視》と《等しさ》の定義

僕「ミルカさんはね、座標平面を使ってベクトルの定義をしようとしているんだよ」

テトラ「は、はい……それはたぶんあたしもわかっていると思います」

僕「平面は $\{(x, y) \mid x, y \text{ は実数}\}$ として定義したよね」

テトラ「はい、それも大丈夫です。2つの実数の組が点ですから」

僕「でね、今度は、2つの実数の組自体を2つ組にしたんだよ。$\langle (x_0, y_0), (x_1, y_1) \rangle$ のように」

テトラ「は、はい……それは、始点と終点の組、という意味ですね。始点が (x_0, y_0) で終点が (x_1, y_1)」

僕「だったらテトラちゃんはよく理解していることになるよ」

テトラ「でも、先ほどミルカさんがおっしゃった『何と何が《等しい》かを定義する』という意味がわかりません！」

僕「え……？」

ミルカ「テトラ。《等しさ》は天から降ってくるわけではない」

テトラ「はい？」

ミルカ「新しく概念を生み出そうとしているなら、なおさらだ。いま私たちは $\langle (x_0, y_0), (x_1, y_1) \rangle$ 全体の集合 A を考えている。では、その集合の要素同士はどういうときに《等しい》

と見なすのか。それを定義しようとしている」

テトラ「で、では、ほんとうに《等しさの定義》をするのですか！」

ミルカ「そう。$\langle (x_0, y_0), (x_1, y_1) \rangle \doteq \langle (x_0', y_0'), (x_1', y_1') \rangle$ のことを、次のように定義する」

$$x_1 - x_0 = x_1' - x_0' \quad \text{かつ} \quad y_1 - y_0 = y_1' - y_0'$$

テトラ「でも、これは……どう読めばいいんでしょうか？」

僕「テトラちゃん。式で読み取りにくかったら、図に描けばすぐにわかるよ。底辺同士が等しくて、高さ同士も等しい三角形ができるということだね。うん、これはまさに《平行移動で重なるものを同一視する》を表現したことになるなあ」

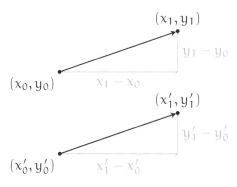

2つのベクトルが等しいことを定義する

テトラ「ははあ……斜辺の向きと長さが等しくなるのですね。で、でもこれで、何がいえるんでしょう」

ミルカ「集合に同値関係を入れる。そして同値関係でその集合を

割る。これは数学でよくやること」

僕「同値関係で、集合を……」

テトラ「集合を……割る？」

ミルカ「そう。**同値関係で集合を割る**。そうすると、新しい概念が生まれる」

テトラ「さっぱり……わかりません」

ミルカ「では、ヴェクタの前に、カレンダーの話をしよう」

2.7 カレンダー

ミルカ「このようにカレンダーを用意する」

	1	2	3	4	5	6
7	8	9	10	11	12	13
14	15	16	17	18	19	20
21	22	23	24	25	26	27
28	29	30	31	…	…	…

ミルカ「日付が $1, 2, 3, \ldots$ と書かれている。便宜上、31 より後は $32, 33, 34, \ldots$ と続くとして、集合 $D = \{1, 2, 3, \ldots\}$ と定める。この集合 D に対して次のような同値関係 $\doteq$ を入れよう」

$$m \doteq n \iff m - n \text{ は 7 の倍数}$$

僕「……」

テトラ「え……これは？」

ミルカ「集合 D の要素同士の差を取って、もしも 7 の倍数だったら、その 2 つの要素はある意味で《等しい》と定めているわけだ」

テトラ「ちょ、ちょっと待ってください。たとえば、こういうことですか。$m = 10$ と $n = 3$ だとすると、$10 - 3 = 7$ ですから、10 と 3 はある意味で《等しい》と……？」

ミルカ「Exactly」

僕「なるほど、それなら、17 と 3 や、24 と 3 も、ある意味で《等しい》ということだね。$17 - 3 = 14$ と、$24 - 3 = 21$ で、どちらも 7 の倍数だから」

ミルカ「そう」

テトラ「差が 7 の倍数の数同士をある意味で《等しい》と見なすのは、まあ、わかりましたが……これがどうしたんでしょう」

ミルカ「そうすると、集合 D は 7 個の小さな集まりに分けることができる。ある意味で《等しい》仲間同士を集めた小さな集まりだ」

テトラ「たとえば、3 と 10 を仲間にする……という意味でしょうか」

ミルカ「そう。7 個の小さな集まりを列挙してみよう」

$$\{1, 8, 15, 22, \ldots\}$$
$$\{2, 9, 16, 23, \ldots\}$$
$$\{3, 10, 17, 24, \ldots\}$$
$$\{4, 11, 18, 25, \ldots\}$$
$$\{5, 12, 19, 26, \ldots\}$$
$$\{6, 13, 20, 27, \ldots\}$$
$$\{7, 14, 21, 28, \ldots\}$$

テトラ「……？」

ミルカ「たとえば、最初の $\{1, 8, 15, 22, \ldots\}$ の中にある 2 つの数はある意味で《等しい》。1 と 8 や、22 と 15、あるいは 1 と 22 でもいい。どの 2 数の差も 7 の倍数になるから」

テトラ「なるほど、なるほどです。同じ $\{\ldots\}$ でくくられた数同士は、ある意味で《等しい》ということですね」

僕「こんなふうにしてもいいね」

	1	2	3	4	5	6
7	8	9	10	11	12	13
14	15	16	17	18	19	20
21	22	23	24	25	26	27
28	29	30	31	…	…	…

ミルカ「いまやったことが、《集合の割り算》だよ、テトラ」

テトラ「え？」

ミルカ「同値関係を定め、その同値関係で等しいと見なされる要素同士を集合にする。すると、もとの集合をもれなくだぶりなく小さな集合に分けることができる。これを《集合を同値関係で割る》という」

テトラ「……」

ミルカ「そして、これを日付だと思うと、いま、新しい概念が生まれた。それは……」

僕「《曜日》だね！ 曜日という概念が生まれたんだ！」

ミルカ「その通り。仮に 1 日が月曜だとすれば、それぞれの小さな集合に名前が付けられる」

$$月曜 = \{1, 8, 15, 22, \ldots\}$$
$$火曜 = \{2, 9, 16, 23, \ldots\}$$
$$水曜 = \{3, 10, 17, 24, \ldots\}$$
$$木曜 = \{4, 11, 18, 25, \ldots\}$$
$$金曜 = \{5, 12, 19, 26, \ldots\}$$
$$土曜 = \{6, 13, 20, 27, \ldots\}$$
$$日曜 = \{7, 14, 21, 28, \ldots\}$$

テトラ「ははあ……」

ミルカ「いま、集合 D を同値関係 $\doteq$ で割って 7 個の集合を得た。この集合をひとまとめにしたものを商集合という。割り算の結果だ。商集合は象徴的に $D/\doteq$ と表記する」

$$D/\doteqdot = \{\,月曜, 火曜, 水曜, 木曜, 金曜, 土曜, 日曜\,\}$$

ミルカ「先ほどから使っていた歯切れの悪い『ある意味では《等しい》』という言い回しも、これですっきりする。『曜日が等しい』といえばいいのだから」

テトラ「……た、たぶん、お話しなさっていることは理解できた……と思います。こうですね？」

- 集合を用意する（たとえば、日付の集合 D）
- 要素の間に同値関係を定義する
  （たとえば、$m \doteqdot n \iff m - n$ は 7 の倍数）
- その同値関係で集合を割る
  （$\doteqdot$ で《等しい》もの同士を集めた小さな集合を作る）

テトラ「このようにすると、新しい概念が生まれてくる……？ それが、たとえば曜日のように？」

僕「テトラちゃんはまとめるのがうまいなあ」

テトラ「でも、これがベクトルに関係してくるんですか？」

ミルカ「では、話をヴェクタに戻そう」

2.8 ベクトル

ミルカ「せっかくテトラが整理してくれたから、その順に話そう」

僕「最初は**集合を用意する**」

ミルカ「そう。私たちは実数の 2 つ組をさらに 2 つ組にしたもの

の集合 A を用意した」

僕「始点 (x_0, y_0) と終点 (x_1, y_1) の組だね」

$$A = \{\langle (x_0, y_0), (x_1, y_1) \rangle \mid x_0, y_0, x_1, y_1 \text{ は実数}\}$$

ミルカ「そして、この**要素の間に同値関係 $\doteqdot$ を定義する**。ある意味での《等しさ》を定義したと考えてもいいし、どの要素とどの要素を《同一視》するかを明確にしたと思ってもいい。記号 $\doteqdot$ の意味で $\langle (x_0, y_0), (x_1, y_1) \rangle$ と $\langle (x_0', y_0'), (x_1', y_1') \rangle$ とが等しいことを、以下で定義した」

$$x_1 - x_0 = x_1' - x_0' \quad \text{かつ} \quad y_1 - y_0 = y_1' - y_0'$$

僕「この式、

$$x_1 - x_0 = x_1' - x_0' \quad \text{かつ} \quad y_1 - y_0 = y_1' - y_0'$$

は——平行移動すると、始点同士・終点同士がそれぞれ重なる場合に成り立つ式だね」

ミルカ「そうだ。そして、平行移動しても重ならない場合には成り立たない式だ」

テトラ「ははあ……少しわかってきました。確かに、こうすれば、ベクトル同士の等しさを数式で表せるということですね」

僕「数式で表せると安心するからね」

テトラ「いえ、それは、先輩ならそうかもしれませんが……あたしは、正直なところ、矢印の図のほうが安心するんです……すみません」

ミルカ「ふむ。では、**同値関係 $\doteqdot$ で集合 A を割る**ところは、矢

印の図で表現してみよう」

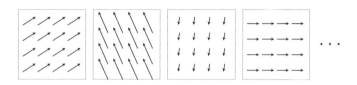

テトラ「ははあ……なるほどです！ 平行移動して重なる矢印同士をぜんぶ集めるんですね。仲間を集める！」

ミルカ「そう。このようにして得られた《等しい》要素だけを集めた小さな集合。それが、1つのヴェクタになる。この図でいえば、四角形で囲まれた集合が1つのヴェクタだ。ヴェクタ全体の集合は、集合 A を同値関係 $\doteqdot$ で割った商集合 $A/\doteqdot$ になる」

ミルカさんの答え

$$\text{ベクトル全体の集合} = A/\doteqdot$$

ミルカ「ただ、$A/\doteqdot$ にはまだ、ヴェクタのおもしろいところは何も入れていない。ここではまだ《同一視》を定式化しただけで終わっている。たとえば、ヴェクタの大きさを定義し、向きを定義し、実数倍を定義し、和を定義し、それらを実数の助けを借りて実装していかないと」

テトラ「集合がベクトルというだけで……む、難しいです」

ミルカ「さっきは集合を曜日と呼んだ。あれは難しかった？」

テトラ「先ほどの？ い、いえ、同じ曜日の日をぜんぶ集めて、月曜や木曜と名前を付けたのですよね。あれは難しくありませんでした」

ミルカ「それと同じ話」

テトラ「わかりました……もう少し考えてみます」

僕「ねえミルカさん。さっき僕は位置ベクトルの考え方を持ち出して、(a, b) という実数の組をベクトルと呼んだけれど、あれはどこが悪かったんだろう」

ミルカ「どこも悪くない」

僕「え、でも」

ミルカ「君が持ち出した (a, b) というヴェクタは、私が同値関係から作り出したヴェクタと一対一に対応づけられるから。こんなふうに」

$$\{x \mid x \doteq \langle (0,0), (a,b) \rangle, x \in A\} \longleftrightarrow (a, b)$$

僕「ええっと、そうか、これは、《始点が $(0,0)$ で終点が (a,b) の要素》に等しい A の要素全体の集合……か」

ミルカ「だから、いわば君が持ち出した (a, b) は私が作ったヴェクタから、一つの要素 $\langle (0,0), (a,b) \rangle$ をピックアップしたようなもの。これは**代表元**と呼ぶ。君は何もまちがってはいない」

テトラ「先輩方……あたし、まだほんとうにはわかってないんで

すが、でも、少しわかったこともあります」

ミルカ「うん？」

テトラ「なんといいますか……いろんな見方がある、ということです。あたしはベクトルを矢印と思って理解しました。でも、先輩は矢印の途中はいくらでもふにゃふにゃ曲げてかまわないことを教えてくださいました。そして、平行移動してもベクトル同士は等しいと見なせるということも」

僕「うんうん」

テトラ「それからミルカさんがなさっていた、あの、《集合を同値関係で割る》というのも、まだしっかりとはわかっていませんけれど、矢印の集まった図を見てイメージはわかりました。等しいと見なせる矢印を集めたものが1つのベクトルを表しているってことですね」

ミルカ「ふむ」

テトラ「それより何よりおもしろかったのは、カレンダーです！ 7日ずれている日付を《同一視》して、ある意味で《等しい》と見なすこと。そこから《曜日》が生まれてくるというのが、そしてそれが、全然関係のないベクトルの定義でも使えるなんて！」

テトラちゃん——彼女は不思議な女の子だな。そう、自分の《わかってない感じ》を決してごまかさない。《わかったふり》をしない。けれども、本質的なところはずいぶんよく理解してるんじゃないだろうか。……そうか！

僕「そうか！ 言葉なんだ！」

ミルカ「？」

テトラ「はい？」

僕「テトラちゃんはね、自分の《わかってない感じ》を言葉にして表現するのがうまいんだね。わかってないということを正直に言うのももちろん大事だけど、ゼロかイチかだけじゃないんだ。わかったかどうかだけじゃない。途中までわかっていることを、わかっている範囲できちんと話すことができる。言葉で表せる。表そうとする。言葉——それが、テトラちゃんの大きな力なんだね！」

テトラ「そ、そうでしょうか……？」

ミルカ「そうだよ、テトラ」

瑞谷女史「下校時間です」

"新しいものを学ぶのは、新しいものを作るより難しいか。"

第2章の問題

●**問題 2-1**（ベクトルの差）

2つのベクトル $\vec{a}$ と $\vec{b}$ が以下の図で与えられているとき、ベクトル $\vec{a} - \vec{b}$ を図示してください。

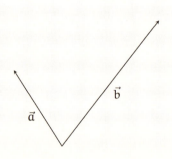

（解答は p. 241）

●**問題 2-2**（ベクトルの差）

$\vec{a} - \vec{b}$ と $\vec{b} - \vec{a}$ という 2 つのベクトルは、互いにどんな関係にあるでしょうか。

(解答は p. 242)

●**問題 2-3**（ベクトルの和と差）

$\vec{p} = \vec{a} + \vec{b}$ と $\vec{q} = \vec{a} - \vec{b}$ という 2 つのベクトル $\vec{p}, \vec{q}$ を考えます。このとき、$\vec{p} + \vec{q}$ を図示してください。

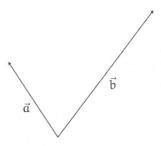

(解答は p. 244)

ベクトルの成分と和・差の関係

2つのベクトル $\begin{pmatrix} a_x \\ a_y \end{pmatrix}$ と $\begin{pmatrix} b_x \\ b_y \end{pmatrix}$ があるとき、
和と差はそれぞれ以下のようになります。

ベクトルの和は、《成分の和》を成分に持つベクトルになる

$$\begin{pmatrix} a_x \\ a_y \end{pmatrix} + \begin{pmatrix} b_x \\ b_y \end{pmatrix} = \begin{pmatrix} a_x + b_x \\ a_y + b_y \end{pmatrix}$$

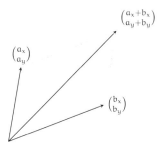

ベクトルの差は、《成分の差》を成分に持つベクトルになる

$$\begin{pmatrix} a_x \\ a_y \end{pmatrix} - \begin{pmatrix} b_x \\ b_y \end{pmatrix} = \begin{pmatrix} a_x - b_x \\ a_y - b_y \end{pmatrix}$$

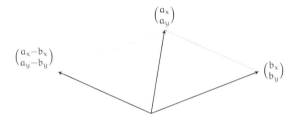

そして、$\begin{pmatrix} a_x \\ a_y \end{pmatrix} - \begin{pmatrix} b_x \\ b_y \end{pmatrix}$ は $\begin{pmatrix} a_x \\ a_y \end{pmatrix} + \begin{pmatrix} -b_x \\ -b_y \end{pmatrix}$ と考えることもできます。

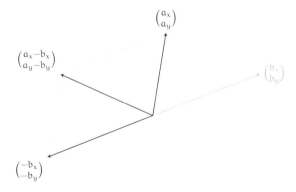

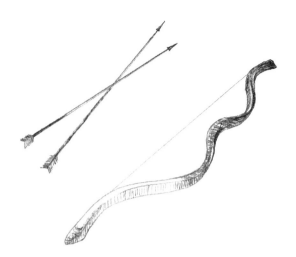

第3章
掛け算の作り方

"薔薇を薔薇と呼ぶのはなぜか。"

3.1 僕の部屋

ユーリ「いつ教えてくれんの?」

僕「何の話?」

ユーリ「**掛け算**の話! 掛け算もあるって言ってたじゃん! あれから考えてたけど、矢印の掛け算なんて想像もつかないよ」

僕「ああ、**ベクトルの掛け算**の話か」

ユーリは今日も僕の部屋に遊びに来ている。先日の数学トークは、母さんからの《スパゲティコール》で中断して、それきりになっていた。

僕「ベクトルの掛け算は二種類あるんだけど、そのうちの一つ、**内積**(ないせき)の話をしよう」

ユーリ「ないせき?」

僕「そう。内部の《内》と掛け算の《積》で内積。どうして内部なのかは知らないけど……」

ユーリ「その、えーと、内積がベクトルの掛け算になるの？」

僕「そうだね。数の掛け算とはちょっと違うけれど、掛け算に似ている新しい**演算**だね」

ユーリ「えんざんって何？」

僕「まあ計算みたいなものだと思えばいいよ。足し算も、引き算も、掛け算も、割り算も、みんな演算と呼んでいい。あ、そうだ。余りを求める計算も演算と呼んでいい」

ユーリ「ふーん。そんで？」

僕「2つの数を掛けると、その結果も数になるよね」

ユーリ「$2 \times 3 = 6$ なら、2も3も6も数ってこと？」

僕「そうそう、そういうこと。でも、ベクトルの内積は違うんだ。**2つのベクトルの内積は数になる**から」

ユーリ「おんなじじゃん。結果は数になるんでしょ？」

僕「あ——いや、うん。そういう意味なら同じなんだけど、お兄ちゃんがいいたいのは、2つのベクトルの内積を計算しても、その結果がベクトルにはならないということ」

ユーリ「ふーん……」

僕「あれ？ ノリ悪いな」

ユーリ「それ、大事な話？」

僕「そうだよ。中学校では数の計算は習うけど、数以外の計算は習わないよね」

ユーリ「ま、そーだけど」

僕「だから、何を計算するか、計算結果が何になるか、ということはあまり気にしない。だって、ぜんぶ数に決まってるから」

ユーリ「ふんふん」

僕「でもね、僕たちはいま、数じゃないもの——ベクトルという数学的対象を扱おうとしている。だから、何と何を計算して結果が何なのかを意識するのは大事なんだ」

ユーリ「わーった。それで、ベクトル掛けるベクトルが数？」

僕「うん。きちんと《内積》という言葉を使おう。2つのベクトルの内積は数になる」

ユーリ「どんな数？」

僕「これが、**内積の定義**だよ。簡単のため、平面上のベクトルで考えることにするね」

内積の定義

平面上の2つのベクトル $\vec{a}$ と $\vec{b}$ に対して、
内積 $\vec{a} \cdot \vec{b}$ を次の式で定義する。

$$\vec{a} \cdot \vec{b} = |\vec{a}||\vec{b}|\cos\theta$$

ただし、θ(シータ)は $\vec{a}$ と $\vec{b}$ のなす角とする。

ユーリ「なにこれめんどい」

僕「これが内積の定義だね。数学者がこう定義したんだ」

ユーリ「ごめん、お兄ちゃん。降参だよ」

僕「今日は何だか弱気だな」

ユーリ「いろいろわかんない。$|\vec{a}|$ の縦棒は何だっけ、絶対値だっけ？ ベクトルの絶対値って何？」

僕「うん、そうだよね。一つ一つの表記を理解していなかったら、《これが内積の定義です》って言われても困る」

ユーリ「そーそー。ちゃんと教えるのじゃ」

僕「いきなり年取るなよ。まず、$|\vec{a}|$ という書き方は確かに絶対値のようなものなんだけど、これは**ベクトルの大きさ**を表している」

ベクトルの大きさ
$|\vec{a}|$ はベクトル $\vec{a}$ の大きさを表す。

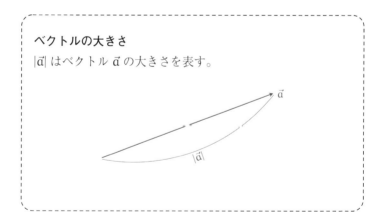

僕「まっすぐな矢印を想像するなら、ベクトルの大きさというの

は矢印の長さになるね。だから、必ず 0 より大きくなる」

ユーリ「え？ 矢印の長さなら、0 以上じゃないの？」

僕「あ、そうそう。ごめんごめん。ベクトルの大きさは 0 のときもあるからね。ベクトルの大きさは、《0 より大きい》じゃなく《0 以上》というべきだね」

ベクトルの大きさは 0 以上

どんなベクトル $\vec{a}$ に対しても、

$$|\vec{a}| \geqq 0$$

が成り立つ。

ユーリ「しっかりしてよね」

僕「それから、内積の定義を読むためには《ベクトルのなす角》を理解しなくちゃいけないね。これは簡単だよ」

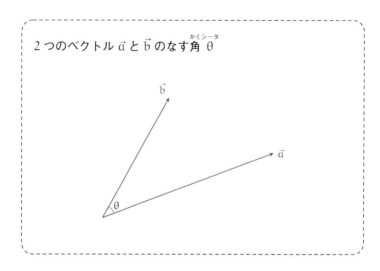

2つのベクトル $\vec{a}$ と $\vec{b}$ のなす角 θ

僕「ベクトルのなす角っていうのは、ベクトルが作る角と同じ意味だよ。この角 θ は、どんな大きさでもかまわない。$0°$ でも $180°$ でも」

ユーリ「$180°$?」

僕「うん、2つのベクトルの向きが一致しているときは角度が $0°$。方向は一致しているけれど向きが逆のときは角度が $180°$ ということになる」

ベクトル $\vec{a}$ と $\vec{b}$ のなす角が $0°$

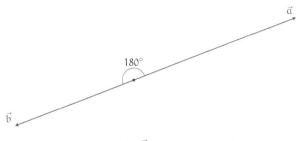

ベクトル $\vec{a}$ と $\vec{b}$ のなす角が $180°$

ユーリ「そかそか。$180°$ は逆向きだね」

僕「ベクトルの大きさ $|\vec{a}|$ と、2つのベクトルがなす角 θ と……ここまで、大丈夫？」

ユーリ「うん！ だいじょーぶ。問題はこの cos(コサイン)なんだけど」

僕「そうだね。内積の定義を理解するには、$\cos\theta$(コサイン・シータ)が何を表しているかを理解する必要がある」

3.2 コサイン

ユーリ「あー、前に教えてもらったよね。サインとコサイン[*]」

僕「うん、前に教えたよね。サインとコサイン」

ユーリ「円を描いて、サインとかコサインとか」

僕「半径が1の円を描いて、円周上の点 P を考えるんだよ。円の

---

[*] 『数学ガールの秘密ノート／丸い三角関数』参照。

中心 O と点 P を結んだ線分のことを、動く半径という意味で**動径**と呼ぶ。このとき、点 P の y 座標がサインで、x 座標がコサインになる。いまはコサインに注目しようか」

$\cos\theta$ の定義

原点が中心、半径が 1 の円周上の一点を P とし、
x 軸の正の向きと動径 OP がなす角を θ とする。
このとき、点 P の x 座標を $\cos\theta$ とする。

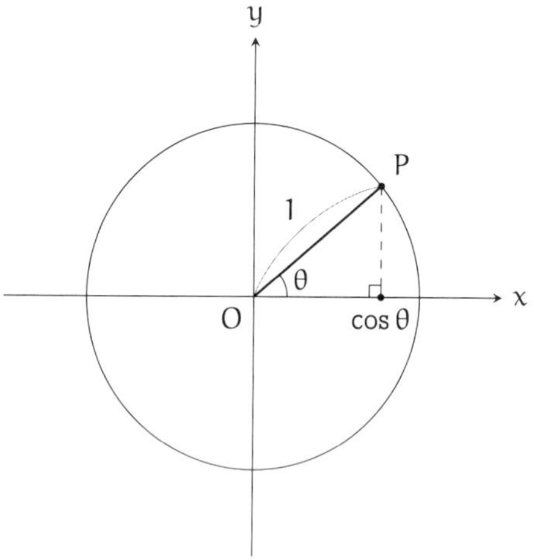

ユーリ「これも《てーぎ》なんだよね」

僕「そうだね。定義だから、まずは《そういうものだ》とそのまま理解しなくちゃいけない。でも、自分が《ほんとうにわかっ

ているか》を確かめる必要があるけどね」

ユーリ「どゆこと？」

僕「定義だからといって何も考えず丸暗記するだけじゃ困るということ。その定義が何を表しているのか、ちゃんとわかってほしいから」

ユーリ「意味わかんない」

僕「え？ だからね、$\cos\theta$ の定義といっても、《ゲンテンがチュウシン、ハンケイが 1 のエン……》なんて言葉を呪文のように覚えてもだめ。それが何を表しているかわからなければ意味ないっていうこと」

ユーリ「そんなのあたりまえだよー」

僕「ユーリはもう、$\cos\theta$ の定義を理解してる？」

ユーリ「してるよー」

僕「じゃ、お兄ちゃんに説明してみせてほしいな」

　僕は机に広げていた紙を裏返して、新しい紙を広げる。

ユーリ「あっ！ 隠さないで！」

僕「いやいや、ほらここに白い紙がある。ここに図を描いて説明してごらんよ。$\cos\theta$ の説明」

ユーリ「説明、めんどいなー……っと、こうかにゃ」

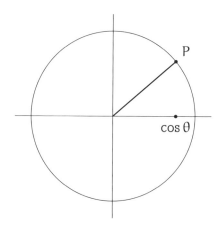

ユーリによる、$\cos\theta$ の説明図

僕「それで？」

ユーリ「この点 P の下の点が $\cos\theta$……でしょ？」

僕「まあ、そうだね」

ユーリ「やた！ ねー、わかってるでしょー？」

僕「うん、ユーリの説明している様子を見ていると、ちゃんとわかってるんだと思う。でも、細かいところもちゃんと描いたほうがいい」

ユーリ「細かいところって？」

僕「ほら、お兄ちゃんが描いた図と比べてごらんよ。お兄ちゃんは x 軸と y 軸に名前を付けてるし、点 P から x 軸のほうに点線を描いてるだろ？ それに半径が 1 であることと、角度が θ であることがわかるように書いてる」

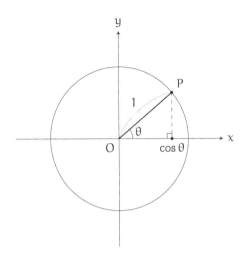

「僕」による、$\cos\theta$ の説明図

ユーリ「だって……」

僕「こんなふうに点線や直角記号を書いておくと、点 P の真上から x 軸に対して垂直に光を当てたとき、x 軸に落ちる《点の影》の位置が $\cos\theta$ になるってこともはっきりする」

ユーリ「だって、そんなのわかりきってるから……」

僕「うん、そうだよね。ユーリは、わかりきってるから書かなかった。でも、せっかく紙があるんだから、ちゃんと図を描き、ちゃんと文字を書こうよ。ほら、ユーリはバシッとキメるのが好きだろ。こういうところをちゃんと」

ユーリ「わーったよ！ そんなにちゃんとちゃんと言わないでよ！ とにかくユーリは $\cos\theta$ はわかってるの！」

僕「じゃあ、クイズ。θ が $0°$ に等しいとき、$\cos\theta$ の値は？」

ユーリ「0……じゃなくて、1 だ」

僕「そうだね。どうして？」

ユーリ「だって、角度が $0°$ だったら、点が x 軸の上に来るもん。円の半径のまま」

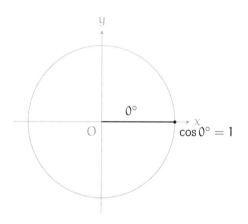

僕「そうだね。x 座標だから $\cos 0° = 1$ になる」

ユーリ「ふふん。何でも聞いてよ」

僕「じゃあ、$\cos 90°$ は？」

ユーリ「x 座標だから――うん、0 だ。$\cos 90° = 0$ だね」

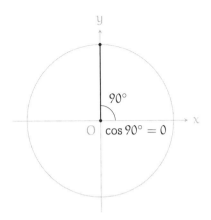

僕「はい、正解。それじゃ、$0° \leqq \theta \leqq 180°$ で、$\cos\theta$ がマイナスになることはある？」

ユーリ「x座標がマイナス——うん、あるかな」

僕「どんなとき？」

ユーリ「どんなときって？」

僕「つまり、θ がどんな値のときに $\cos\theta$ はマイナスになる？」

問題

$0° \leqq \theta \leqq 180°$ で、

$$\cos\theta < 0$$

が成り立つのは、θ がどんな値のときか。

ユーリ「簡単だよ！」

僕「ほう、答えは？」

ユーリ「ちょっと待って」

僕「がく」

ユーリ「うん、わかった。$0° \leqq \theta \leqq 180°$ で考えるんだから、答えは $90° < \theta \leqq 180°$ だね！」

僕「大正解！」

ユーリ「へへん。簡単だよー。だって、x座標がマイナスになる角度ってことだもん」

僕「うん、よく $90°$ を入れなかったなあ」

ユーリ「だって $\cos 90° = 0$ って答えたばっかりじゃん？」

解答

$0° \leqq \theta \leqq 180°$ で、
$$\cos\theta < 0$$
が成り立つのは、
$$90° < \theta \leqq 180°$$
のときである。

僕「うん、ここまでわかったら、ベクトルの内積はすぐわかるよ」

ユーリ「ほんと？」

3.3 内積の定義を考える

僕「じゃ、もう一度、ベクトルの内積の定義を見てみよう」

内積の定義

平面上の 2 つのベクトル $\vec{a}$ と $\vec{b}$ に対して、
内積 $\vec{a} \cdot \vec{b}$ を次の式で定義する。

$$\vec{a} \cdot \vec{b} = |\vec{a}||\vec{b}|\cos\theta$$

ただし、θ は $\vec{a}$ と $\vec{b}$ のなす角とする。

僕「ほら、さっきほど数式はこわくないだろ？」

ユーリ「ユーリは数式なんかこわくないって！ ちょっとだけ、《めんどい》って思っちゃうの！」

僕「もう《めんどい》って感じはしないだろ？」

ユーリ「そーだね。$|\vec{a}|$ もわかる。$|\vec{b}|$ もわかる。どっちもベクトルの大きさでしょ？」

僕「そうだね」

ユーリ「$\cos\theta$ もわかる。x 軸への影！」

僕「違うよ」

ユーリ「え？」

僕「さっき、コサインの説明をしたときの θ は《x 軸と動径とがなす角》だったけど、今度は違うよ。内積の定義での θ は《2 つのベクトルがなす角》なんだ」

ユーリ「え？ じゃ、今度の $\cos\theta$ は何になるの？」

僕「うん、今度はね、こんなふうに《ベクトルに落とす影》が $\cos\theta$ になる」

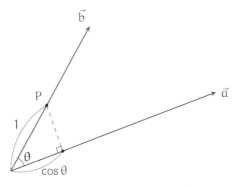

$\cos\theta$ は、ベクトルに落とす影

ユーリ「えーと、これは……？」

僕「ベクトル $\vec{b}$ に沿って、始点から長さ 1 の場所に点 P を置いた。そして、別のベクトル $\vec{a}$ に垂直に落とした影を考える。ベクトル $\vec{a}$ の始点からその影までが $\cos\theta$ になるんだよ」

ユーリ「よくわかんない」

僕「回転して考えれば、$\cos\theta$ の定義通りだってわかるよ」

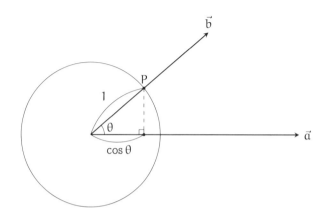

ユーリ「あ、ほんとだ！ ……てか、あったりまえじゃん！」

僕「そうだね。わかってしまえば、あたりまえ。ね、ユーリ。きちんと図を描くって大事だろ？」

ユーリ「むー、確かに……」

僕「これで $\cos\theta$ の意味はよくわかったから——」

ユーリ「ちょっと待って、おかしい！」

僕「どうした？」

ユーリ「影ができないときがあるもん！」

3.4 影の向き

僕「影ができないとき？」

ユーリ「そーだよ！ あのね、2つのベクトルがなす角が $90°$ より大きいとき！ そのとき、ベクトル $\vec{a}$ に影は落ちないじゃん！」

僕「ユーリは賢いなあ！ その通りだね。さっきのお兄ちゃんの言い方が悪かった。ベクトルに落ちる影というよりも、ベクトルを含む直線に落ちる影といったほうが正確だった。$\cos\theta$ がマイナスのときを考えたらそうなるね」

ユーリ「マイナスのとき……」

僕「そう。ベクトル $\vec{a}$ と同じ向きに影が落ちるときは $\cos\theta > 0$ で、逆向きに影が落ちるときは $\cos\theta < 0$ になるから」

ユーリ「そっか。さっきやったことじゃん。cos がマイナス」

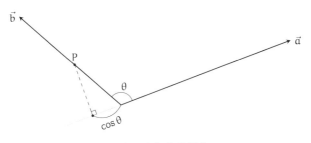

$\cos\theta < 0$ になる場合

僕「そうだね。これで $\cos\theta$ の意味はよくわかった」

ユーリ「これで、内積の定義がわかる……のかにゃ？」

3.5 内積の定義

僕「内積の定義に出てきた $|\vec{a}||\vec{b}|\cos\theta$ では、3 個の数を掛け算してる。3 数の積だね。それは、何と何と何？」

ユーリ「え？ $|\vec{a}|$ と $|\vec{b}|$ と $\cos\theta$ じゃないの？」

僕「はい正解。ちゃんとわかってるね」

$|\vec{a}||\vec{b}|\cos\theta$ は、$|\vec{a}|$ と $|\vec{b}|$ と $\cos\theta$ の積

ユーリ「わかってますとも」

僕「この式を 2 数の積だと見よう。つまり、$|\vec{a}|$ と $|\vec{b}|\cos\theta$ の積」

$|\vec{a}||\vec{b}|\cos\theta$ を、$|\vec{a}|$ と $|\vec{b}|\cos\theta$ の積と見る

ユーリ「ふんふん？」

僕「このうち、$|\vec{a}|$ は何だかわかるよね」

ユーリ「ベクトル $\vec{a}$ の大きさ」

僕「そう。では、$|\vec{b}|\cos\theta$ は何だかわかる？」

ユーリ「ベクトル $|\vec{b}|$ の大きさに、$\cos\theta$ を掛けたものじゃん」

僕「それは図でいうと、ここに出てくるよね」

3.5 内積の定義 105

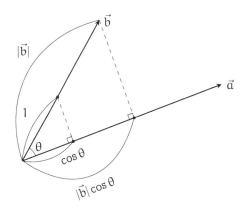

$|\vec{b}|\cos\theta$ はここに出てくる

ユーリ「うん、わかるわかる！ $\cos\theta$ を何倍かしたんだもん！」

僕「そうだね。何倍か、じゃなくて、ベクトル $\vec{b}$ の大きさ倍したんだね。それが $|\vec{b}|\cos\theta$ になる」

ユーリ「……お兄ちゃん、いま何やってたんだっけ？」

僕「内積の定義を読み解いてるんだよ」

ユーリ「ちょっと待ってね……」

ユーリは、目を細めるようにして図を見つめる。彼女の栗色の髪が金色に光る。僕は、真剣な彼女を見つめる。

僕「……」

ユーリ「ねえ——お兄ちゃん？」

僕「なに？」

ユーリ「ベクトルの内積って《自分》と《相手の影》の積？」

僕「すばらしい！ そうだよ、ユーリ。その通り。それはベクトルの内積の解釈の一つになるね」

ユーリ「え、いいの？」

僕「いいよ。《自分》っていうのは $|\vec{a}|$ の意味で言ったんだよね？」

ユーリ「うん、そう。あ、だから《自分の大きさ》のつもり。《相手の影》は $|\vec{b}|\cos\theta$ のこと」

僕「だとしたら、正しい理解だよ。2つのベクトル $\vec{a}$ と $\vec{b}$ から作られる2つの数、$|\vec{a}|$ と $|\vec{b}|\cos\theta$ を掛け算した結果、それこそがベクトル $\vec{a}$ と $\vec{b}$ の内積 $\vec{a}\cdot\vec{b}$ なんだよ、ユーリ」

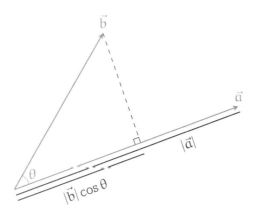

内積 $\vec{a}\cdot\vec{b}$ は、自分の大きさ $|\vec{a}|$ と、相手の影 $|\vec{b}|\cos\theta$ の積

ユーリ「……！」

僕「よく根気よく、読み解いたね、ユーリ」

ユーリ「……」

僕「どうした?」

ユーリ「あのね、《**自分の大きさ**》と《**相手の影**》の掛け算は、確かに掛け算だけど、でも、何でこんな掛け算がベクトルの掛け算なの? やっぱ、わけわかんない」

僕「いや、よくわかってきてるよ、ユーリ。ベクトルの内積の姿が見えてきたから、そういう疑問が出てくるんだ。どうしてこの内積が《掛け算っぽいのか》という理由をいっしょに考えてみようか。いいかい?」

ユーリ「うんっ!」

3.6 掛け算に見える?

僕「ベクトル $\vec{a}$ と $\vec{b}$ の内積は $\vec{a} \cdot \vec{b} = |\vec{a}||\vec{b}|\cos\theta$ で定義される」

ユーリ「うんうん。何だか慣れてきたよ」

僕「ベクトルの内積 $\vec{a} \cdot \vec{b}$ はテン($\cdot$)を使って、いかにも掛け算っぽく書いているよね」

ユーリ「うん、そーだね」

僕「こういう書き方がほんとうにふさわしいかどうかを考えよう」

ユーリ「掛け算っぽくなってるか、確かめる?」

僕「そうそう。じゃ、**クイズ**だよ。掛け算っぽいってどういうことだと思う?」

ユーリ「足し算より大きくなるとか？」

僕「え？ そうとは限らないよね。掛け算の結果が小さくなることだってある。100に0.1を足したら100.1だけど、100に0.1を掛けたら10になるから足し算より掛け算のほうが小さくなるよね」

ユーリ「あ、そか。うーん……難しいね」

僕「改めて考えると難しいよね。こんなふうに考えようか。数の掛け算で成り立つ**法則**が、ベクトルの内積でも同じように成り立つかな……ってね」

ユーリ「ほうそく？」

3.7 交換法則と内積

僕「たとえば、掛け算では**交換法則**が成り立つよね。掛け算の前後を交換——入れ換えても結果は変わらない。どんな数 a, b に対しても、$a \cdot b = b \cdot a$ になる」

ユーリ「ほほー」

僕「そして、ベクトルの内積でも交換法則は成り立っている。$\vec{a} \cdot \vec{b} = \vec{b} \cdot \vec{a}$ が成り立つから」

ユーリ「ほんと？」

僕「ベクトルの内積でほんとうに交換法則が成り立つか——それを確かめたいときは《定義に戻って考える》のがいい。そうすれば、すぐわかるよ。一行で証明できる」

> **ベクトルの内積では交換法則が成り立つ**
>
> $$\vec{a} \cdot \vec{b} = |\vec{a}||\vec{b}|\cos\theta \qquad 内積の定義から$$
> $$= |\vec{b}||\vec{a}|\cos\theta \qquad はじめの 2 数を交換した$$
> $$= \vec{b} \cdot \vec{a} \qquad 内積の定義から$$

ユーリ「一行じゃないじゃん」

僕「あ……まあね。定義から $|\vec{a}|$ と $|\vec{b}|$ と $\cos\theta$ の掛け算になって、掛け算の交換法則を使って $|\vec{a}|$ と $|\vec{b}|$ の掛け算の順序を交換するという証明だね。数の積の交換法則をもとにして、ベクトルの内積の交換法則を証明したわけだ」

ユーリ「ふーん……あれ？」

僕「何かおかしい？ 積の交換法則はいいよね」

ユーリ「うん。それはいーんだけど。θ って……」

僕「おいおい、θ は 2 つのベクトル $\vec{a}$ と $\vec{b}$ のなす角じゃないか。どうしたユーリ」

ユーリ「それも交換してるよね？」

僕「おっと、チェック細かいな！ まあ、そうだね。ベクトル $\vec{a}$ と $\vec{b}$ のなす角は $\vec{b}$ と $\vec{a}$ のなす角に等しい。やるなユーリ」

ユーリ「ふふん。そんで、ベクトルの内積は交換法則が成り立つから、掛け算っぽいってゆー話なんでしょ？」

僕「そうだね。まずは」

ユーリ「でもさー、交換法則は掛け算だけじゃなくて足し算でも成り立つよ。$a + b = b + a$ だもん」

僕「交換法則の他に掛け算で成り立つ法則はあるかな？」

ユーリ「名前忘れたけど《くくる》法則があったよね」

僕「よく思い出したね。**分配法則**だよ」

ユーリ「ぶんぱいほうそく」

3.8 分配法則と内積

僕「そう。数の世界だと $a \cdot (b + c) = a \cdot b + a \cdot c$ のような計算ができるよね。ベクトルの内積も同じように計算できる」

ユーリ「どーゆー感じになるの？」

僕「掛け算をベクトルの内積にして、足し算はベクトルの和にすればいいんだよ。式の形を並べてみるとよくわかる」

分配法則（数とベクトルの比較）

$a \cdot (b + c) = a \cdot b + a \cdot c$ 　　この「$\cdot$」は数の積

$\vec{a} \cdot (\vec{b} + \vec{c}) = \vec{a} \cdot \vec{b} + \vec{a} \cdot \vec{c}$ 　　この「$\cdot$」はベクトルの内積

ユーリ「お兄ちゃん、それって……数とベクトルの式が、おんなじ形になるってこと？」

僕「そうそう。数をベクトルに置き換えて、数の積をベクトルの内積に置き換えて、数の和をベクトルの和に置き換える。そうすると、数の分配法則の式がそのままベクトルでも成り立つ。美しいな！」

ユーリ「お兄ちゃん、おめめキラキラしてるよ」

僕「一つの世界で成り立っている数式が別の世界でも成り立つっていうのは、とてもきれいだと思うんだ」

ユーリ「さすが数式マニア」

僕「マニアじゃないよ。もっとも、厳密にいえば、$\vec{a} \cdot (\vec{b} + \vec{c})$ に出てくる + はベクトルの和で、$\vec{a} \cdot \vec{b} + \vec{a} \cdot \vec{c}$ に出てくる + は数の和だけど……まあ、ともかく、分配法則になると内積は確かに掛け算みたいって感じがするよね」

ユーリ「ふんふん。ねー、他にもナントカ法則はあるの？」

僕「あるよ。掛け算の順序を変えてもいいという**結合法則**だね」

ユーリ「けつごーほーそく」

3.9 結合法則と内積

僕「数の積の結合法則は $a \cdot (b \cdot c) = (a \cdot b) \cdot c$ という形だね」

ユーリ「にゃるほど。それも数の積をベクトルの内積に置き換え

ればいーんだね。こんな感じ？」

$$\vec{a} \cdot (\vec{b} \cdot \vec{c}) = (\vec{a} \cdot \vec{b}) \cdot \vec{c} \quad (?)$$

僕「いや、惜しいけれど、そうはならないんだよ」

ユーリ「え、なんで？ 置き換えたらこーなるよ？」

僕「いやいや。ほらさっきも言ったけど、2つのベクトルの内積の計算結果はベクトルじゃなくて数になるんだ」

ユーリ「？」

僕「2つの数の積は数になる。それに対して2つのベクトルの内積はベクトルにならない。だから、ベクトルの内積については、数のような結合法則は成り立たない」

ユーリ「なーんだ」

僕「結合法則は成り立たないけど、こんな式は成り立つよ。結合法則に似ている形の式だね」

ベクトルの内積で成り立つ式（結合法則に似ている形）

$\vec{a}$ と $\vec{b}$ を任意のベクトルとし，
k を任意の実数としたとき、以下が成り立つ。

$$k \cdot (\vec{a} \cdot \vec{b}) = (k \cdot \vec{a}) \cdot \vec{b}$$

ユーリ「……？」

僕「この数式、ちょっと注意がいる。左辺の $k \cdot (\vec{a} \cdot \vec{b})$ は、数 k

と数 $\vec{a} \cdot \vec{b}$ の掛け算だけど、右辺の $k \cdot \vec{a}$ は、数 k とベクトル $\vec{a}$ の掛け算——つまり、**ベクトルの実数倍**だ。$k \cdot \vec{a}$ はふつうは $k\vec{a}$ と書くから、さっきの式はこうなるね」

ベクトルの内積で成り立つ式（結合法則に似ている形）
$\vec{a}$ と $\vec{b}$ を任意のベクトルとし、
k を任意の実数としたとき、以下が成り立つ。
$$k(\vec{a} \cdot \vec{b}) = (k\vec{a}) \cdot \vec{b}$$

ユーリ「数とベクトルの掛け算……って何？」

僕「うん、数とベクトルの掛け算というのは、ベクトルをぐっと伸ばしたり縮めたりする計算だね。ベクトルの方向は変えずにベクトルの大きさだけを変える計算のこと」

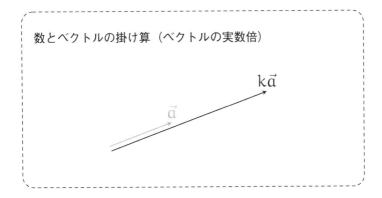

数とベクトルの掛け算（ベクトルの実数倍）

ユーリ「ねえ、何だか急に難しくなった」

僕「え？ 難しい話じゃないよ。実数倍が難しかったら、整数倍を考えるとすぐわかるはずだよ。たとえば、同じベクトルを2個足したベクトル $\vec{a} + \vec{a}$ は $2\vec{a}$ になるのはわかる？」

ユーリ「えーと、ベクトルの足し算って、平行四辺形だよね？」

僕「そうそう」

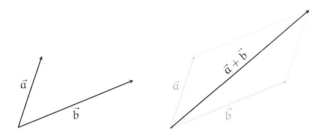

ユーリ「そんで？」

僕「それでね、$\vec{a} + \vec{a}$ はどうなる？」

ユーリ「うーんと……あ！ そっか。つぶれるんだ！」

僕「そうだね。平行四辺形……この場合は菱形だね。それがつぶれた形で、$\vec{a} + \vec{a}$ は向きが同じで大きさが2倍のベクトルになる。それを $2\vec{a}$ と呼んでいる」

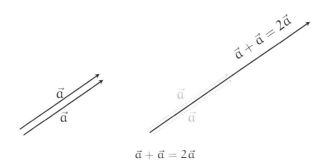

$$\vec{a} + \vec{a} = 2\vec{a}$$

ユーリ「そかそか、わかった」

僕「これは $2\vec{a}$ だったけど、同じように正の実数 k を掛けたときは、$k\vec{a}$ は向きが同じで大きさが k 倍のベクトルになる」

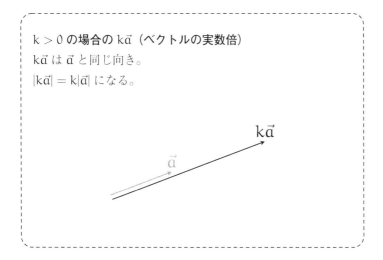

k > 0 の場合の $k\vec{a}$（ベクトルの実数倍）
$k\vec{a}$ は $\vec{a}$ と同じ向き。
$|k\vec{a}| = k|\vec{a}|$ になる。

ユーリ「なんで急に《正の》って条件がついたの？」

僕「負の実数 k をベクトルに掛けた結果は、向きが逆で大きさが −k 倍になるからだよ」

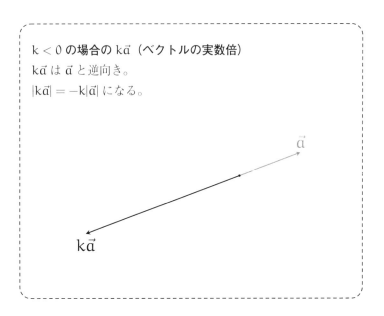

k < 0 の場合の k$\vec{a}$（ベクトルの実数倍）
k$\vec{a}$ は $\vec{a}$ と逆向き。
$|k\vec{a}| = -k|\vec{a}|$ になる。

ユーリ「え？ 何で大きさが −k なの？ マイナス……」

僕「k < 0 だから、−k > 0 だよ。−k はプラス」

ユーリ「あ、そか」

僕「まあ最初から $|k\vec{a}| = |k||\vec{a}|$ といえばよかったんだけど」

ユーリ「……わかってきた。お兄ちゃんがさっき言ってた、ベクトルを伸ばしたり縮めたりって意味、やっとわかったよ。それがベクトルの実数倍？」

僕「そうそう。あ、それから、ベクトルに 0 を掛けたときは大きさが 0 のベクトルになる。**零ベクトル $\vec{0}$** だね」

$k = 0$ の場合の $k\vec{a}$（ベクトルの実数倍）

$k\vec{a}$ の向きは考えない。

$|k\vec{a}| = 0$ になる。

このとき、$k\vec{a} = 0\vec{a} = \vec{0}$ と書く。

$$k\vec{a} = \vec{0}$$

ユーリ「ふーん……」

僕「これがベクトルの実数倍。そして、ベクトルの内積では、ベクトルの実数倍と内積という 3 つの掛け算を使ってこんな式が成り立つわけだ」

> **ベクトルの内積で成り立つ式（結合法則に似ている形)**
> $\vec{a}$ と $\vec{b}$ を任意のベクトルとし、
> k を任意の実数としたとき、以下が成り立つ。
> $$k(\vec{a} \cdot \vec{b}) = (k\vec{a}) \cdot \vec{b}$$

ユーリ「3つの掛け算？」

僕「そうだよ。《数同士の掛け算》、《ベクトルの内積》、そして《ベクトルの実数倍》だね。数とベクトルという2種類の数学的対象を扱うから、いろんな掛け算が出てくるんだよ。《数と数》、《ベクトルとベクトル》そして《数とベクトル》」

ユーリ「3つの掛け算……」

僕「たとえば、記号を変えてみようか」

$\circ$　　……《数同士の掛け算》

$\cdot$　　……《ベクトルの内積》

$*$　　……《ベクトルの実数倍》

僕「そうすると、こんな式が成り立つことがわかる」

$$k \circ (\vec{a} \cdot \vec{b}) = (k * \vec{a}) \cdot \vec{b}$$

ユーリ「お兄ちゃん、生き生きしてる」

僕「ベクトルの内積では交換法則や分配法則が成り立つし、ちょっと違うけど結合法則に似た式が成り立つ。ベクトルの内積も、

数の掛け算のような一つの演算なんだよ」

ユーリ「お兄ちゃんの話を聞いてると、へーって思うけど、やっぱりいまいちベクトルの内積ってわかんないにゃあ……」

ユーリはそう言ってポニーテールの髪先をいじる。

僕「じゃ、もっと具体的な話をしようか」

3.10 具体的な話

ユーリ「内積の話？」

僕「うん、そうだよ。ユーリはベクトル $\vec{a}$ と $\vec{b}$ の内積の定義はもう覚えた？」

ユーリ「とっくに覚えてるよー。$\vec{a} \cdot \vec{b} = |\vec{a}||\vec{b}| \cos \theta$ でしょ？」

僕「うん、それでいいよ。θ は $\vec{a}$ と $\vec{b}$ のなす角だけど、特別な θ で内積を考えてみよう」

ユーリ「特別な θ って？」

僕「$\cos \theta$ が簡単な値を取る θ のことだよ。たとえば、$0° \leqq \theta \leqq 180°$ で考えたとき、$\cos \theta = 1$ になる θ の値はなに？」

ユーリ「$\cos \theta = 1$ になる θ って……えーと、さっき出てきてたよね。x 座標が 1 ってことだから、$\theta = 0°$」

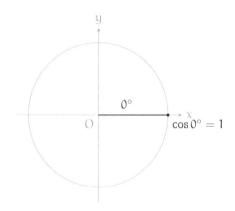

僕「そうそう。$\cos 0° = 1$ だね。それじゃ、$\theta = 0°$ のときの $\vec{a}$ と $\vec{b}$ の内積は？」

ユーリ「え、ちょっと待って。$\theta = 0°$ だったら、2つのベクトルって同じ方向じゃないの？」

僕「同じ**向き**、ね」

ユーリ「あーもー！ チェック細かいにゃ！ $\theta = 0°$ だったら、2つのベクトルって同じ**向き**じゃないの？」

僕「そうだよ。同じ向きの2つのベクトルの内積はどうなるか、という話」

ユーリ「……どーなるかって、どーゆー意味？」

僕「定義から計算してごらんという意味。《**定義に帰れ**》だよ」

ユーリ「定義から……じゃ、$\vec{a} \cdot \vec{b} = |\vec{a}||\vec{b}|$ だね！」

3.10 具体的な話　121

> 同じ向きをした 2 つのベクトルの内積（$\theta = 0°$）
>
> $$\vec{a} \cdot \vec{b} = |\vec{a}||\vec{b}| \cos \theta \qquad \text{内積の定義から}$$
> $$\phantom{\vec{a} \cdot \vec{b}} = |\vec{a}||\vec{b}| \qquad \cos 0° = 1 \text{ から}$$

僕「そうだね。2 つのベクトルが同じ向きのとき、内積 $\vec{a} \cdot \vec{b}$ は $|\vec{a}||\vec{b}|$ に等しい。そして、もしも両方とも零ベクトルじゃないとすると、この値は正になるよね？」

ユーリ「うん。矢印の長さを掛けたものだから」

僕「その通り」

> 同じ向きをした 2 つのベクトルの内積は正になる
>
> $$\vec{a} \cdot \vec{b} = |\vec{a}||\vec{b}| > 0$$
>
>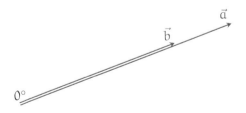
>
> ※ただし、$\vec{a} \neq \vec{0}$, $\vec{b} \neq \vec{0}$ とする。

ユーリ「それがどしたの？」

僕「それからもう一つ特別な θ を考える。ちょうど向きが逆になる場合、つまり $\theta = 180°$ の場合。このとき、$\cos\theta$ は？」

ユーリ「180° のときの x 座標……えっと、-1 だよね？」

僕「ユーリはもうコサインに慣れたんだね」

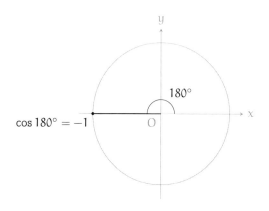

ユーリ「それで？」

僕「このときの内積は $\vec{a} \cdot \vec{b} = -|\vec{a}||\vec{b}|$ になるよ」

逆を向いた 2 つのベクトルの内積（$\theta = 180°$）

$$\vec{a} \cdot \vec{b} = |\vec{a}||\vec{b}|\cos\theta \qquad \text{内積の定義から}$$
$$\phantom{\vec{a} \cdot \vec{b}} = -|\vec{a}||\vec{b}| \qquad \cos 180° = -1 \text{ から}$$

ユーリ「うん。てーぎ通り、だけど……これがどーしたの？」

僕「両方とも零ベクトルじゃないとすると、2つのベクトルが逆向きのとき、内積 $\vec{a}\cdot\vec{b}$ は $-|\vec{a}||\vec{b}|$ に等しい。ということはこの値は負になるわけだ」

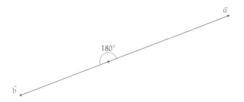

逆を向いた2つのベクトルの内積は負になる
$$\vec{a}\cdot\vec{b} = -|\vec{a}||\vec{b}| < 0$$

※ただし、$\vec{a} \neq \vec{0}$, $\vec{b} \neq \vec{0}$ とする。

ユーリ「わかったけど……お兄ちゃんが何をしてるかわかんないからつまんない」

僕「ここまで計算したことを一言でいうと、

　　同じ向きなら内積はプラスで、
　　逆の向きなら内積はマイナス

になる」

ユーリ「だから?」

僕「これ、**正負の数の掛け算と同じルールに見え**ないかなあ」

ユーリ「正負の数の掛け算?」

僕「そう。符号のルールだよ。

**同じ符号なら積はプラスで、
逆の符号なら積はマイナス**

だよね」

ユーリ「おーっ! そゆこと?」

正負の数の掛け算で、符号がどうなるか

同じ符号なら積はプラス

$$\text{プラス} \times \text{プラス} = \text{プラス}$$

$$\text{マイナス} \times \text{マイナス} = \text{プラス}$$

逆の符号なら積はマイナス

$$\text{プラス} \times \text{マイナス} = \text{マイナス}$$

$$\text{マイナス} \times \text{プラス} = \text{マイナス}$$

僕「《ベクトルの内積》と《数の積》は、符号に関して似ていることになるよね」

ユーリ「ほんとだ……2つのベクトルの向きが同じか逆か。2つの数の符号が同じか逆か！」

僕「そうだよね。向きが同じならプラスになる。向きが逆ならマイナスになる」

《ベクトルの内積》と《数の積》の符号

- ベクトルが同じ向きなら内積はプラス。
  ベクトルが逆の向きなら内積はマイナス。
- 数が同じ符号なら積はプラス。
  数が逆の符号なら積はマイナス。

ユーリ「何だかおもしろい！」

僕「おもしろいよね。これもまた、内積の《掛け算っぽい》ところになる」

ユーリ「ちょっと待ってよ。あのね、お兄ちゃん」

僕「ん？」

ユーリ「あのね、ユーリね。マイナス×マイナスがプラスになるって、すっごく悩んだんだよ」

僕「ああ、中学一年で習うマイナスの計算って悩むよね」

ユーリ「うん。いつのまにか慣れちゃったけど。でもね、でもね。いまのお兄ちゃんの話聞いててわかったんだけど、

**同じ符号同士の掛け算はプラスで、
逆の符号同士の掛け算はマイナス**

って考えればよかったんだ！」

僕「そうだね。掛け算の正負で符号が同じかどうかがわかる。内積の正負で向きが同じかどうかがわかる」

ユーリ「うーんと、うーんと……何でこれで納得できるのかよくわかんないんだけど、何だかすごく納得しちゃった！」

母「子供たち！ ジュース作ったの、飲まない？」

ユーリ「はーい！ 飲みまーす！」

　母さんの《ジュースコール》で僕たちは部屋からダイニングに移動。ベクトルのことを考えていたのに、なぜか数の理解がちょっぴり進んだ数学トークも一休み。数学はいろんなところでつながっている。

"何を薔薇と呼ぶかによって、薔薇とはいったい何かを知る。"

第3章の問題

●**問題 3-1**（内積を求める）

以下のベクトル $\vec{a}$ と $\vec{b}$ の内積 $\vec{a} \cdot \vec{b}$ を求めてください。

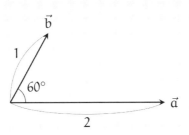

（解答は p. 248）

●問題 3-2（内積を求める）

2つの実数 c, d が与えられ、c > 0, d > 0 とします。原点を始点とし、点 (c, c) と (−d, d) をそれぞれ終点とする2つのベクトル $\vec{u}, \vec{v}$ を考えます。このとき、内積 $\vec{u} \cdot \vec{v}$ を求めてください。

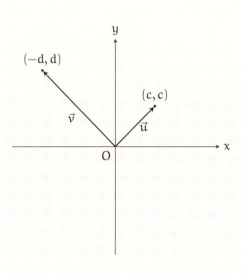

（解答は p. 250）

●問題 3-3 ($\cos\theta$)

ある人が「内積で使う《2つのベクトルがなす角》を逆向きに考えてはいけないのだろうか」という疑問を抱きました。あなたはどう答えますか。

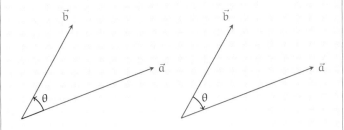

（解答は p. 252）

第4章
形を見抜く

"絵を描く人には、他の人に見えない形が見えている。"

4.1 図書室にて

僕がいつものように図書室に行くと、テトラちゃんがノートに向かって熱心に何か書いていた。問題を解いているらしい。彼女は真剣な顔でノートにしばらく書き、やがて手をとめ、大きな目をぱちぱちさせてから頭を抱える。そしてまたページをめくって書き始める。僕は、そんな繰り返しをしばらく眺めていた。

僕「ねえ、テトラちゃん」

テトラ「あ、先輩！」

僕「一生懸命だね。数学？」

テトラ「は、はい……」

僕「村木先生の？」

テトラ「いえ、違います。問題集で」

僕「たくさん書いてたみたいだけど」

テトラ「見てらしたんですか！ お恥ずかしいです。この問題を解こうとしていたんですけれど、うまくいかなくて」

> **問題**
> 円 $x^2 + y^2 = 1$ に接する直線 ℓ(エル) の方程式を求めよ。
> ただし、接点を (a, b) とする。

僕「ははあ、なるほど。これはね」

テトラ「あああああっ！ 言わないでください！」

僕「？」

テトラ「答え、言わないでください！ いま求めようとしているんですからっ！」

僕「そうだね、ごめんごめん。それで——どこまでできたの？」

テトラ「実はですね、何回かチャレンジしているんですが、毎回、すごく複雑な式になってしまいまして……」

僕「ノート、見せてもらってもいい？ 答えは言わないから」

テトラ「は、はい。最初はこう考えたんです……」

> **テトラちゃんの解きかけノート①**
> 求める直線 ℓ の方程式を $y = cx + d$ とします。
> 接点 (a, b) はこの直線 ℓ 上の点ですから、直線 ℓ の方程式 $y = cx + d$ に $x = a$ と $y = b$ を代入して、次の式Ⓐが成り立ちます。
>
> $$b = ca + d \qquad \cdots\cdots\cdots\cdots Ⓐ$$
>
> また接点 (a, b) は円上の点ですから、円の方程式 $x^2 + y^2 = 1$ に $x = a$ と $y = b$ を代入して、次の式Ⓑが成り立ちます。
>
> $$a^2 + b^2 = 1 \qquad \cdots\cdots\cdots\cdots Ⓑ$$
>
> 式Ⓐを使って、式Ⓑの b に $ca + d$ を代入します。
>
> $$a^2 + (\underline{ca + d})^2 = 1$$
>
> 展開します。
>
> $$a^2 + c^2 a^2 + 2cad + d^2 = 1$$
>
> ……それで?

僕「ノートが『それで?』で終わってるね」

テトラ「は、はい。そこまで書いたところで、こんなに複雑な式が出てきていいのかなと思い始めまして……それで、もう一度読み返してみると、あたしが書いた一番初めにまちがいを見つけたんです」

僕「まちがい？」

テトラ「はい、あたしは最初に『求める直線 ℓ の方程式を $y = cx + d$ とします』と書きましたが、これだと斜めの線や水平線は表していますけど、垂直線は表していないですよね」

　テトラちゃんはそういって両手で水平・垂直のジェスチャをする。まるで忍者が体操しているようだ。

僕「まあそうだね。$y = cx + d$ という書き方だと、x 軸に垂直な直線は表せない。それは $x = 定数$ という形だから」

テトラ「はい。ですからあたし、《もっと一般的な直線の方程式》というものを参考書で探して、別の解き方に挑戦したんです、が」

僕「次のページかな？」

4.1 図書室にて

> **テトラちゃんの解きかけノート②**
>
> 求める直線 ℓ 上の点を (x, y) とし、直線 ℓ を $x = ct + d$ と $y = et + f$ で表します。ここで、c, d, e, f は定数で、t はパラメータです。
>
> 　　注意！　ここ↑わかってない (><)ﾉﾉ
>
> この点 (x, y) は円上にありますから、円の方程式 $x^2 + y^2 = 1$ に $x = ct + d$ と $y = et + f$ を代入して、次の式を得ます。
>
> $$(ct + d)^2 + (et + f)^2 = 1$$
>
> 展開します。
>
> $$c^2 t^2 + 2ctd + d^2 + e^2 t^2 + 2etf + f^2 = 1$$
>
> ……えっと？

僕「ノートが『えっと？』で終わってるね」

テトラ「は、はい。ここまで書いて、さっきの《解きかけノート①》より、ずっとややこしくなっているのに気づいたんです。それで頭を抱えてしまって……」

僕「うんうん」

テトラ「それにですね。参考書で見た《パラメータ》というあたり、あたし、実はわかっていないんです」

僕「なるほど。『わかってない (><)ﾉﾉ』って書いてあるね」

テトラ「お、お恥ずかしい……直線をこう表せば、きれいな式が出てくるのかなと思っていたのですが、そうではないようです。あの、あたしって、よくこういうことが起きるんです」

僕「こういうことって？」

テトラ「式がすごく複雑になって、文字がたくさん出てきて、『ああ、まずいまずいっ！ このパターンはまずいっ！』って思うんですけれど、どうしようもなくなるという」

僕「確かに、そういうときはあるよ」

テトラ「なぜなんでしょう。あたしの方法って、どうして行き詰まってしまうんでしょう？」

僕「ねえ、テトラちゃん。答えは言わないから、少し話してもいいかな」

テトラ「は、はい……もちろんです。先ほどは『言わないで！』なんて言ってしまいましたが、教えていただきたいです」

僕「テトラちゃんの解き方には、まずいところがある」

テトラ「え！ どこですか？」

僕「うん。問題の文章の中に《円》や《接点》や《直線》という図形の言葉がたくさん出てきているよね。こういうときは何よりもまず**《図を描いて考える》**ようにしなくちゃ！」

テトラ「あ！ そうですね、確かに！」

4.2 図を描いて考える

僕「図を描いて考える。それはとても大切なことだよ。確かに図形の方程式が出てきているから、結局は数式を使うことになる。でも、まずは図を描いて考える。できるだけきちんと図を描くと、テトラちゃんが見落とした条件も見つかるんじゃないかなあ」

テトラ「あたし、何か条件を見落としていましたか？」

僕「まずは図を描いてみようよ」

テトラ「そ、そうですね。……こうでしょうか」

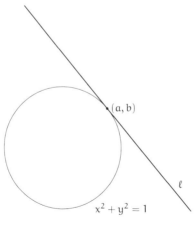

テトラちゃんの図

僕「じゃ、この図を指さしながら問題文をゆっくり読んでみて」

テトラ「はい。《円 $x^2+y^2=1$……》で、これが円ですよね」

僕「そうだけど、この方程式から半径はわかるよね？」

テトラ「方程式が $x^2+y^2=1$ ですから、半径の 2 乗が 1 ということになるので、半径は 1 です」

僕「だったら、そのことも図に描かなきゃ。半径は 1 だし、中心は原点だよね。座標軸も描かないとね。まずは、問題文の続きを読んでみて」

テトラ「は、はい。《円 $x^2+y^2=1$ 上の点 (a,b) ……》ですから、点 (a,b) は描きました」

僕「うん」

テトラ「《円 $x^2+y^2=1$ 上の点 (a,b) で、この円に接する直線 ℓ の方程式を求めよ》ですから、点 (a,b) で円に接する直線 ℓ も描きました……先輩。ここまでで、あたし、条件を何か見落としてますか？」

僕「見落としてるといえば、見落としているよ」

テトラ「……わかりません」

僕「テトラちゃんのさっきの《解きかけノート①》でも《解きかけノート②》でも、点 (a,b) が円と直線 ℓ の**上にある**という条件を使っていたよね」

テトラ「はい」

僕「でも、この直線 ℓ が点 (a,b) で円に**接している**という条件は使ってなかったよね」

テトラ「あっ！」

僕「テトラちゃんは次の二つだけで考えを進めていたんだよ」

- 図形を、(x, y) についての方程式として表そう。
- 図形の上に点があることを、
  図形の方程式に点の座標を代入して表そう。

テトラ「確かに、そうです……」

僕「でも、円と直線が《接する》という条件をうまく使うと、もっとずっと簡単に問題を表現できるんだよ」

テトラ「そうなんですか？」

僕「たとえば、こんなふうに問題の図を描いてみる」

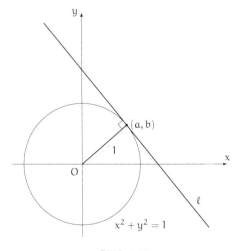

「僕」の図

テトラ「ははあ……円の半径が1で、半径と直線 ℓ が直角」

僕「そうだね。接点での半径と直線 ℓ との角度は直角になる」

テトラ「確かにこの図ならはっきりします」

僕「ここで問いかけ。僕たちが《求めるものは何か》？」

テトラ「求めるものは、直線 ℓ です」

僕「うん。僕たちは直線 ℓ の方程式を求めたい。**直線の方程式**は何かというと、**直線上の点についての条件式**だと考えられる」

テトラ「はいっ、それはわかります。直線上の点を (x, y) としたとき、x と y が満たす条件式という意味ですよね。図形の方程式については以前も先輩に教えていただきました*」

僕「そうそう。僕たちが求めたいのはその条件式。ということは、**直線 ℓ 上の点が持つ性質を見抜く**必要があるわけだ」

テトラ「性質を——見抜く？」

僕「うん。『この直線 ℓ 上にある点はこういう性質を持ちます』、そして逆に『こういう性質を持てば直線 ℓ 上にあります』という性質を見抜くということだね」

テトラ「……」

僕「あとは、その性質を数式で表して」

テトラ「わ、わからなくなってきました。抽象的すぎて——」

---

* 『数学ガールの秘密ノート／式とグラフ』参照。

僕「うん。いまから具体的に話すよ。直線 ℓ 上の点の性質を見抜くために、まずは直線 ℓ 上の点に P と名前を付けてみよう。そして接点には Q という名前を付ける。こんなふうにね」

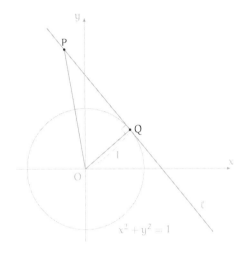

点に名前を付けた

テトラ「接点の Q はわかりますが、P はどんな点なんですか？」

僕「点 P はこの直線 ℓ 上の任意の点だよ。つまり、この直線 ℓ 上ならどこにあってもかまわないとして、点 P が持つ性質を考えてみる」

テトラ「点 P が持つ性質……」

僕「三角形は見える？」

テトラ「え？ あ、はい。三角形 POQ ですよね」

僕「これは**直角三角形**になっているよね？」

テトラ「はい、角 Q が直角です。点 Q は接点ですから」

僕「さあ、ここで、**ベクトルの内積**を考えよう、テトラちゃん」

テトラ「は、はい？」

4.3 ベクトルの内積

僕「ベクトルの内積を考えるんだよ」

テトラ「ベクトルの——内積ですか？」

僕「うん、ベクトル $\overrightarrow{OP}$ と $\overrightarrow{OQ}$ の内積だね」

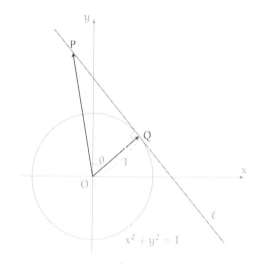

ベクトル $\overrightarrow{OP}$ と $\overrightarrow{OQ}$ の内積？

テトラ「この問題にベクトルの内積が出てくるのですか?」

僕「そうなんだよ。$\overrightarrow{OP}$ と $\overrightarrow{OQ}$ の内積を考えてみる。内積の定義は知っているよね、テトラちゃん」

テトラ「内積の定義というと……こうでしょうか?」

内積の定義
$$\overrightarrow{OP} \cdot \overrightarrow{OQ} = |\overrightarrow{OP}||\overrightarrow{OQ}|\cos\theta$$

僕「そうだね。$|\overrightarrow{OP}|$ は辺 OP の長さ。$|\overrightarrow{OQ}|$ は辺 OQ の長さ」

テトラ「ええと、内積は $|\overrightarrow{OP}|$ と $|\overrightarrow{OQ}|$ と $\cos\theta$ の積ですから——あれ? もしかして、1? 内積は 1 でしょうか」

僕「どうして、そう思ったの?」

テトラ「$|\overrightarrow{OP}|\cos\theta$ はちょうど、$|\overrightarrow{OQ}|$ に等しいかな——と」

僕「そうだね! その通り!」

> 内積 $\overrightarrow{\mathrm{OP}} \cdot \overrightarrow{\mathrm{OQ}}$ の値は 1 に等しい
>
> $$
> \begin{aligned}
> \overrightarrow{\mathrm{OP}} \cdot \overrightarrow{\mathrm{OQ}} &= |\overrightarrow{\mathrm{OP}}||\overrightarrow{\mathrm{OQ}}| \cos \theta && \text{内積の定義から} \\
> &= |\overrightarrow{\mathrm{OQ}}||\overrightarrow{\mathrm{OP}}| \cos \theta && \text{積の順序を交換した} \\
> &= |\overrightarrow{\mathrm{OQ}}||\overrightarrow{\mathrm{OQ}}| && |\overrightarrow{\mathrm{OP}}| \cos \theta = |\overrightarrow{\mathrm{OQ}}| \text{だから} \\
> &= |\overrightarrow{\mathrm{OQ}}|^2 && |\overrightarrow{\mathrm{OQ}}| \text{同士の積} \\
> &= 1^2 && \text{円の半径だから } |\overrightarrow{\mathrm{OQ}}| = 1 \\
> &= 1 && \text{計算した}
> \end{aligned}
> $$

テトラ「は、はあ……」

僕「テトラちゃんは、2つのベクトルの**内積を成分で表すこと**、できる?」

テトラ「あ、はい。《掛けて、掛けて、足す》ですよね」

僕「そうそう。たとえば、ベクトル $\binom{x}{y}$ とベクトル $\binom{a}{b}$ の内積を成分で表すと?」

テトラ「《x と a を掛けて、y と b を掛けて、両方を足す》ですから、$xa + yb$ でしょうか」

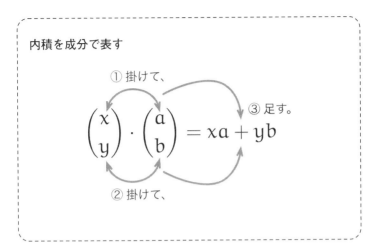

僕「それでいいよ。じゃあ、点 P をベクトル $\binom{x}{y}$ で表して、点 Q をベクトル $\binom{a}{b}$ で表したとき、ベクトルの内積を成分を使って表したらどうなるかわかるね」

$$\overrightarrow{OP} \cdot \overrightarrow{OQ} = 1 \quad \overrightarrow{OP} と \overrightarrow{OQ} の内積は 1 に等しい$$

$$\binom{x}{y} \cdot \binom{a}{b} = 1 \quad \overrightarrow{OP} = \binom{x}{y}, \overrightarrow{OQ} = \binom{a}{b} とした$$

$$xa + yb = 1 \quad ベクトルの内積を成分を使って表す$$

$$ax + by = 1 \quad 積の順序を変えて式を整えた$$

テトラ「はあ……」

僕「いま $ax + by = 1$ という式が出てきたね。直線 ℓ 上にある点を (x, y) としたとき $ax + by = 1$ が成り立つし、逆に、この式が成り立つ点 (x, y) は直線 ℓ 上にある」

テトラ「えっ!? では——この式が?」

僕「そうなんだよ、テトラちゃん。この $ax + by = 1$ という式が、直線 ℓ の方程式になる」

解答

接点を (a, b) としたとき、円 $x^2 + y^2 = 1$ に接する直線 ℓ の方程式は、

$$ax + by = 1$$

である。

テトラ「ま、魔法みたいです。ちょっと整理させてください」

- 問題を読みながら、条件に注意して図を描きます。
- 求める直線 ℓ 上の任意の点を P とします。
  P の座標を (x, y) とします。
- 接点を Q とします。
  Q の座標は (a, b) です。
- 内積 $\overrightarrow{\mathrm{OP}} \cdot \overrightarrow{\mathrm{OQ}}$ を計算すると 1 に等しくなります（！）。
- 内積 $\overrightarrow{\mathrm{OP}} \cdot \overrightarrow{\mathrm{OQ}}$ をベクトルの成分を使って表すと、
  $ax + by - 1$ になります。
- これが求める直線 ℓ の方程式——なのですね！

僕「そうそう、とてもいいまとめだね。ね、図を描くと解きやすくなると思わない？」

テトラ「いえ、いえいえいえ。先輩！ この解き方って、やっぱり魔法みたいですよ。点をベクトルで表すというところまでは

いいんですが、どうしていきなり《内積を考えよう》なんて思えるんでしょう！」

僕「うん、そうだよね。僕も初めてこれを知ったときはとっても驚いたよ。でも、考えてみるとすごく自然なことなんだ」

テトラ「といいますと？」

僕「内積では、片方のベクトルの上に、別のベクトルの**影**が落ちているような状況を考えるよね？ たとえば $\vec{a} \cdot \vec{b}$ を考えるとき、$|\vec{b}|\cos\theta$ が出てくるけど、これは $\vec{b}$ の影だよね」

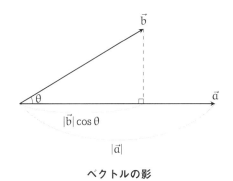

ベクトルの影

テトラ「$\vec{b}$ の影——確かにそれはそうですが」

僕「でね、**影を変えない**ように $\vec{b}$ の終点を動かしてみよう。そのためには、$\vec{b}$ の終点は必ず、影を作っている**直線**の上になければならないことがわかるよね。つまり、点は光線の上にあるんだ。$\vec{b}$ の終点を動かして、たとえば $\vec{b}'$ や $\vec{b}''$ を作ってみよう」

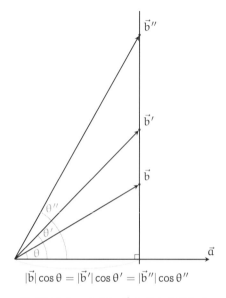

$$|\vec{b}|\cos\theta = |\vec{b}'|\cos\theta' = |\vec{b}''|\cos\theta''$$

影を変えないように $\vec{b}$ の終点を動かす

テトラ「なるほど？」

僕「この図を見ると、

$$|\vec{b}|\cos\theta = |\vec{b}'|\cos\theta' = |\vec{b}''|\cos\theta''$$

だとわかる。ということは、

$$\vec{a}\cdot\vec{b} = \vec{a}\cdot\vec{b}' = \vec{a}\cdot\vec{b}''$$

になるよね？」

テトラ「なりますね！」

僕「だから、**内積が一定**なら、直線が自然に生まれるんだよ」

テトラ「内積が一定なら、直線が生まれる……」

僕「そうだね。さっきの問題の場合には内積が1だった。でも1に限らない。ベクトルの内積が一定、という条件は直線の方程式を導くんだ」

テトラ「……」

僕「話はそれるけど、$ax + by = 1$ という接線の方程式は、円の方程式 $x^2 + y^2 = 1$ とそっくりなのもおもしろいね。$x^2 = xx, y^2 = yy$ と書くとそっくりなのがよくわかるよ」

接線の方程式と円の方程式はそっくり

$$ax + by = 1 \quad 接線の方程式$$

$$xx + yy = 1 \quad 円の方程式$$

テトラ「……」

僕「テトラちゃん?」

テトラ「は、はいっ!」

僕「どうしたの?」

テトラ「え、いえ——あたし、なぜ、内積というものを考えるかわかってなかったんですが、直線を作り出すところに、内積がうまくあてはまるんですね。内積の定義は、影を作る光の直線の形に、ぴたっとはまっているような」

僕「そうそう、おもしろいよね。あ、それからテトラちゃん」

テトラ「はい」

僕「テトラちゃんの《解きかけノート②》も、少しくふうするだけで接線の方程式を求められるよ」

テトラ「えっ？」

僕「テトラちゃんが、ノートに顔文字書いてたページがあったよね、確か」

テトラ「あっ、はい……ここですか？」

テトラちゃんの解きかけノート②

求める直線 ℓ 上の点を (x, y) とし、直線 ℓ を $x = ct + d$ と $y = et + f$ で表します。ここで、c, d, e, f は定数で、t はパラメータです。

　　　注意！　ここ↑わかってない　(><)ｯｯ

この点 (x, y) は円上にありますから、円の方程式 $x^2 + y^2 = 1$ に $x = ct + d$ と $y = et + f$ を代入して、次の式を得ます。

$$(ct + d)^2 + (et + f)^2 = 1$$

展開します。

$$c^2 t^2 + 2ctd + d^2 + e^2 t^2 + 2etf + f^2 = 1$$

……えっと？

僕「そうそう、これこれ。これを生かそう。テトラちゃんが書いた第一歩を固めるところから」

テトラ「最初の部分ということですよね。あたし、参考書を見ながらこれを書き始めたんですが、わからないで書き写しても、やっぱりわからないですよね。《t はパラメータです》のあたりが特に」

僕「そうだね。でも、これはとても大切なところだよ」

テトラ「そうなんですか……」

テトラちゃんの第一歩

求める直線 ℓ 上の点を (x, y) とし、直線 ℓ を $x = ct + d$ と $y = et + f$ で表します。ここで、c, d, e, f は定数で、t はパラメータです。

僕「でも、この部分、参考書をそのまま写したんじゃないよね？ 参考書ではベクトルの形で書いてなかった？」

テトラ「え！ どうしてわかるんですか？ その通りです。ベクトルだとわかりにくかったので、成分を使って書いたんです。あ、それから、a と b という文字はすでに使っていたので、c, d に置き換えたりしました」

僕「うん、だと思った。でもね、ベクトルを使ったほうが直線の成り立ちがよくわかるんだよ、テトラちゃん」

テトラ「直線の成り立ち、ですか」

僕「じゃ、改めて書いてみようか」

テトラ「はいっ！」

4.4 直線のパラメータ表示

僕「改めて書いてみよう。円 $x^2 + y^2 = 1$ があって、その円の上に点 (a, b) があって、その点が直線 ℓ と円との接点になっているわけだよね」

テトラ「はい、そうですね」

僕「接点を (a, b) として、直線 ℓ を図示するとこうなる」

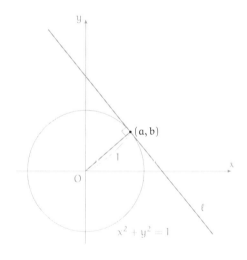

テトラ「はい」

僕「直線 ℓ 上の点を (x, y) とすると、次の式が**直線のパラメータ表示**になるよね。さっきのテトラちゃんの文字の使い方とは違うけれど」

直線 ℓ のパラメータ表示
$$\begin{pmatrix} x \\ y \end{pmatrix} = \begin{pmatrix} a \\ b \end{pmatrix} + t \begin{pmatrix} c \\ d \end{pmatrix}$$

テトラ「あたし……これがよくわかってないんです。いえ、この書き方が、ええと、$x = a + ct$ と $y = b + dt$ に同じだというのはわかるんですが、それがなぜ直線なのか」

僕「うんうん、大丈夫。いま、それを説明するから。実はね、テトラちゃんは成分を別々に書こうとしてしまったから、かえってわかりにくくなっているんだよ。ベクトルのままのほうがよくわかるはず」

テトラ「そうなんですか」

僕「$\begin{pmatrix} x \\ y \end{pmatrix} = \begin{pmatrix} a \\ b \end{pmatrix} + t \begin{pmatrix} c \\ d \end{pmatrix}$ の式の意味を順序立てて考えてみよう。まず、この式で $\begin{pmatrix} x \\ y \end{pmatrix}$ は何を表していると思う？」

テトラ「ええと、点ですね。直線 ℓ の上にある点です」

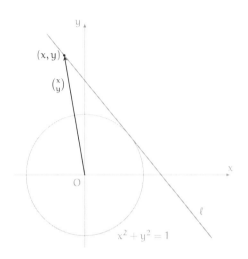

位置ベクトル $\binom{x}{y}$ は直線 ℓ 上の点 (x, y)

僕「うん、それでいいよ。ベクトル $\binom{x}{y}$ の始点を原点に合わせたとき、ベクトルの終点が座標 (x, y) の点になっている。まあ、でも、そんなめんどくさいこと考えなくても、ベクトル $\binom{x}{y}$ は点 (x, y) を表す位置ベクトルになるということ」

テトラ「はい。……あの、これ、先ほどもおたずねしたような気がするんですが、この点 (x, y) は接点じゃなくて、直線 ℓ のどこかの点ということですよね」

僕「うん、そうだよ。点 (x, y) は直線 ℓ の任意の点。だから、もしかしたら、点 (x, y) は接点と一致するかもしれない。さっきのパラメータ表示だと、それは $t = 0$ のときなんだけどね」

テトラ「あ、はい……」

僕「これで $\binom{x}{y}$ はわかった。それじゃ、次だね。ベクトル $\binom{a}{b}$ は何を表していると思う？」

テトラ「これは……先ほどと同じく点を表していますよね。ベクトル $\binom{a}{b}$ は接点 (a, b) を表す位置ベクトル——でいいんですよね？」

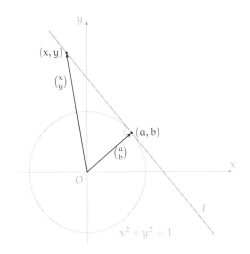

ベクトル $\binom{a}{b}$ は接点 (a, b) を表す位置ベクトル

僕「そうそう、それでいいよ。問題は次だね。$t\binom{c}{d}$ は何を表していると思う？」

テトラ「はい。$t\binom{c}{d}$ は t 倍したベクトル $\binom{c}{d}$ です。でも——点 (c, d) は、いったいどこにあるんでしょう？」

僕「うん、これが《わかってない最前線》のところだね。$t\binom{c}{d}$ のうち、t を除いた $\binom{c}{d}$ はこのベクトルを表しているんだ」

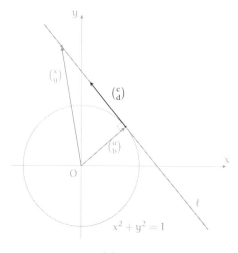

ベクトル $\binom{c}{d}$ はここにある

テトラ「これは直線 ℓ の方向に合わせたベクトルということですか?」

僕「その通り。このベクトル $\binom{c}{d}$ は、直線と方向が一致しているベクトルのこと。直線の**方向ベクトル**」

テトラ「で、でも、c と d は具体的に何になるんでしょう?」

僕「うん、それは後で考えるよ。まずは、直線 ℓ と方向が一致してるベクトルを考えて、その成分を c と d としてみようと決めたんだと思ってね。そして、この方向ベクトルを求めれば直線 ℓ がわかるんだ。c と d を具体的に見つけたら、直線 ℓ が得られたことになる」

テトラ「え……よくわからなくなりました」

僕「もう少し説明が進むとわかるから、ちょっと待って。ともかくベクトル $\binom{c}{d}$ は直線と方向が一致しているベクトルだとする、と。ではね、t を実数として、$t\binom{c}{d}$ は何を表しているかな？」

テトラ「はい。これは t 倍しているんですよね。ですから $t\binom{c}{d} = \binom{ct}{dt}$ というベクトルになります。成分を t 倍したベクトルです。あ、それとも $\binom{tc}{td}$ のような順に書いたほうがいいでしょうか」

僕「うん。$\binom{c}{d}$ を t 倍したベクトルの成分は $\binom{ct}{dt}$ あるいは $\binom{tc}{td}$ で正しいよ。どっちでもかまわない。

$$t\binom{c}{d} = \binom{ct}{dt} = \binom{tc}{td}$$

テトラちゃんはいま、ベクトルを成分ごとに書いただけで、図形としてどういうものかは考えなかったよね」

テトラ「図形として？」

僕「$\binom{c}{d}$ というベクトルを、方向は変えずに大きさだけ変えたのが $t\binom{c}{d}$ というベクトル」

テトラ「はい、ベクトルを t 倍するというのはベクトルを伸び縮みさせているんですよね」

僕「そうそう。

- $t > 1$ なら向きが同じで伸びる。
- $t = 1$ なら変わらない。
- $0 < t < 1$ なら向きが同じで縮む。
- $t = 0$ なら零ベクトルになる。
- $-1 < t < 0$ なら反対向きで縮む。
- $t = -1$ なら反対向きで大きさは変わらず。
- $t < -1$ なら反対向きで伸びる——

という具合だね」

テトラ「はい……すみません、反応鈍くて」

僕「いやいや。ここまで来れば、$\binom{a}{b} + t\binom{c}{d}$ というベクトルの終点がどうなるかはわかるよね。2つのベクトルの和だから、原点からいったん点 (a, b) まで進んで、さらに直線の方向に進むベクトルになる。t の値をいろいろと変えてやれば、このベクトルの終点は直線 ℓ 上をくまなく走れるし、直線 ℓ からはみ出したりしないことがわかると思う——わかるよね？」

テトラ「ちょっと待ってください。考えます……はい、$\binom{a}{b}$ というベクトルで点 (a, b) に行ってから、$t\binom{c}{d}$ というベクトルで直線の上のどこかの点まで行く、ということなのですか」

僕「どこかの点というか、点 (x, y) まで行きたいんだけどね」

直線 ℓ のパラメータ表示

位置ベクトル $\binom{a}{b}$ で表される点を通り、方向ベクトル $\binom{c}{d}$ を持つ直線は、パラメータ t を使って以下のように表せる。

$$\binom{x}{y} = \binom{a}{b} + t\binom{c}{d}$$

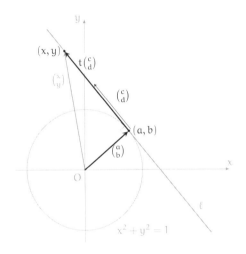

パラメータ t が実数全体を動くとき、
点 (x, y) は直線 ℓ 上をくまなく動く。

テトラ「はい、わかったと思います。あれ、でも、これでは直線じゃなくて、直線上の一点を表しているだけでは？」

僕「あのね、$\binom{x}{y} = \binom{a}{b} + t\binom{c}{d}$ というのは、実数 t を一つ決める

と直線 ℓ 上の点が一つ決まる。そして、t を変化させると、直線 ℓ がすうっと描かれる。**パラメータ**と呼ばれる変数 t を使って、直線上の点を表すのが**直線のパラメータ表示**なんだ。直線は点の集まりだから、これで直線が定まったことになるはずだよね」

テトラ「点の集まり！ なるほどです！ わかりました！」

僕「これでテトラちゃんの顔文字 (><)ᗡᗡ が消えることになったね。あとはすぐにわかるよ。僕たちが求めたいのは何だったか、覚えてる？ 《求めるものは何か》」

テトラ「え——えっと？」

4.5 接線を求める

僕「僕たちのもともとの問題は、《接点 (a, b) と円 $x^2 + y^2 = 1$ が与えられたとき、その円に接する直線 ℓ を求める》ことだったよね。だとしたら、$\binom{x}{y} = \binom{a}{b} + t\binom{c}{d}$ で何を求めればいいことになるの？」

テトラ「まちがっていたらごめんなさい。c と d でしょうか？」

僕「はい、正解。そうだね。a と b は与えられているものだから求める必要はない。t は実数全体を走るパラメータだから、これも求める必要はない。c と d を求めれば直線 ℓ が決まることになる」

テトラ「方程式を立てるんですね？」

僕「いや、その必要はないよ。図をよく見れば、すぐにわかる。ベクトル $\binom{c}{d}$ とベクトル $\binom{a}{b}$ の関係を考えてみて」

テトラ「はい、角度が直角で……」

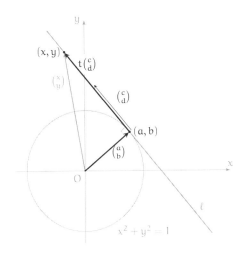

僕「そうだね。ℓ は接線だから、$\binom{c}{d}$ と $\binom{a}{b}$ という2つのベクトルは直角に交わっている。つまり**直交**している。与えられたベクトル $\binom{a}{b}$ に直交しているベクトルはたくさんあるけれど、そのうちの一つを見つければいい」

テトラ「たくさんあるんですか？」

僕「たくさんあるよ。だって大きさについては何もいってないからね。直交しているベクトルは無数にある」

テトラ「あ……そういうことなんですね」

僕「$\binom{a}{b}$ に直交しているベクトルは、**成分を交換して片方の符号**

を変えれば一つ見つかるよ」

テトラ「え？」

僕「たとえば、$\binom{a}{b}$ に直交するベクトルの一つに $\binom{b}{-a}$ がある」

テトラ「a と b を交換して、片方の符号を変えるので、b と $-a$」

僕「そうそう。それだけで直交するベクトルの一つが作れる。$\binom{a}{b}$ と $\binom{b}{-a}$ が直交する理由はわかる？」

テトラ「わかりません……」

僕「《2つのベクトルが直交する条件》を思い出してみて。2つのベクトル $\vec{a}$ と $\vec{b}$ があって、どちらも零ベクトルじゃないとする。そのとき、

$$《\vec{a} と \vec{b} が直交する》 \iff \vec{a} \cdot \vec{b} = 0$$

になる。つまり、零ベクトルを除いて考えると、2つのベクトルが直交する条件は、《**内積が 0**》だよね」

テトラ「そうでした！ あたし、なぜ忘れちゃうんでしょう」

僕「**ベクトルで角度が出てくるときは、内積が顔を出す**ということがまだ身についてないのかもね。内積の定義を考えればすぐにわかるんだけど」

テトラ「内積の定義……それは $\vec{a} \cdot \vec{b} = |\vec{a}||\vec{b}|\cos\theta$ で——ははあ、そうですね。直交するのは $\cos\theta$ が 0 のときですか！」

僕「そう。ベクトルが落とす影が一点になるときが直交するとき。だから、$\binom{a}{b}$ と $\binom{b}{-a}$ が直交するのも納得がいくと思うよ。内積を成分で考えて」

テトラ「《掛けて、掛けて、足す》と……確かに 0 になります！」

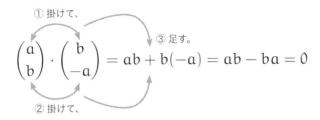

内積を成分で考える

僕「だから、直線 ℓ のパラメータ表示はこうなるね。$\binom{c}{d}$ の代わりに $\binom{b}{-a}$ を使えばいい」

求める直線 ℓ のパラメータ表示
位置ベクトル $\binom{a}{b}$ で表される点を通り、ベクトル $\binom{a}{b}$ に直交する方向ベクトルを持つ直線は、以下のように表せる。
$$\binom{x}{y} = \binom{a}{b} + t\binom{b}{-a}$$

テトラ「これで直線 ℓ を求めたことになるんですか？」

僕「そうだね。これは直線 ℓ をパラメータ表示で求めたことになる。パラメータ表示じゃなくて、いつもの直線の方程式にするのも難しくないよ」

テトラ「？」

僕「まず、直線のパラメータ表示を連立方程式にしよう」

$$\begin{cases} x = a + bt \\ y = b + (-a)t \end{cases}$$

僕「それから、パラメータ t を消去しちゃえばいい。x 成分に a を掛けて、y 成分に b を掛けて……」

$$\begin{cases} ax = a^2 + abt & \cdots\cdots \text{①} \quad \text{x 成分に } a \text{ を掛けた} \\ by = b^2 + b(-a)t & \cdots\cdots \text{②} \quad \text{y 成分に } b \text{ を掛けた} \end{cases}$$

僕「……そして、①と②を辺々加えて、t を消せばいいね」

$$ax + by = a^2 + b^2$$

僕「あとは点 (a, b) が円 $x^2 + y^2 = 1$ の上にあることを使えば、右辺は 1 になる。$a^2 + b^2 = 1$ なんだから」

$$ax + by = 1$$

解答
接点を (a, b) としたとき、円 $x^2 + y^2 = 1$ に接する直線 ℓ の方程式は、

$$ax + by = 1$$

である。

テトラ「なるほどです……」

僕「まとめると、こんな手順だったわけだ」

- 接線をパラメータ表示する。
- パラメータ表示をベクトルが作る図形として理解する。
- 直交するベクトルを作る。

テトラ「あたしは式に代入する攻撃しかできませんでした……」

僕「攻撃?」

テトラ「はい。数学問題モンスターへの攻撃ですっ!」

僕「ははは、そういうことか」

ミルカ「そして談笑する二人」

テトラ「あ、ミルカさん!」

4.6 ミルカさん

ミルカ「今日は何の問題?」

テトラ「接線の方程式を求める問題——というか、ベクトルを使って、ええっと、内積の問題です」

ミルカ「ふうん」

　ミルカさんはメタルフレームの眼鏡をくっと上げ、ノートをのぞきこむ。真剣な表情。彼女は問題を新しい視点でとらえなおしたり、難しい概念と関連づけたりするのが得意なのだ。

僕「ベクトルの内積を使うとすっきり問題が解けるときがある、という話をしてたんだよ」

ミルカ「この図はテトラ？」

僕「僕が描いたんだけど？」

ミルカ「そう」

僕「何かまちがってる？」

ミルカ「まちがってはいない。君も図を描くんだな」

僕「そりゃ描くよ。図形問題では図が大事だからね」

ミルカ「その通り。図に描きにくいヴェクタもあるが」

テトラ「矢印が描きにくいことってあるんですか？」

ミルカ「たとえば4次元以上の高次元になると図を描くのは難しくなるだろう？」

僕「あ、それはそうだね。難しいというか、無理だよ」

テトラ「4次元……」

ミルカ「3次元以下でも、**関数空間**を図に描くのは難しい」

僕「関数空間？」

テトラ「か、関数空間？」

4.7 関数空間

ミルカ「関数空間というのは、要するに関数の集合だと考えればいい。通常は連続性や微分可能性などの条件をつける」

僕「関数を要素として持つ集合ということ?」

ミルカ「そう。しかし関数空間と表現するときには、ただの集合ではなく、何らかの構造を入れるのが普通。関数空間の一つの要素、すなわち一つの関数は幾何学的な表現を借りて**点**と呼ばれることになる。ヴェクタスペースを考えて、さらにそこへ内積を入れれば、《関数の大きさ》や《関数同士のなす角度》も定義できて楽しい。そしてそこから直交——」

テトラ「ミミミミルカさん! お話し中すみません。さっぱり理解していないのですが《関数同士のなす角度》って、いったいどんなものなのでしょうか? まったくイメージが浮かばないんですが! 『この関数と、この関数は、直角だ!』って分度器で測れるようなものなんですか?」

ミルカ「分度器はない。代わりに内積がある」

　ミルカさんはノートに数式を書きながら《講義》を始めた。

ミルカ「実例を使って話そう。たとえば、実数係数の多項式が作る関数の集合 V を考える。条件として、そうだな、たとえば《多項式の次数は 2 次以下》としよう」

僕「なるほど。V は、たとえば、$x^2 - 1$ や $x^2 + 3x + 2$ などが要素になる集合ということだね」

ミルカ「そう。しかしそれだけではない。次数は《2 次》ではなく《2 次以下》だから、1 次関数の $2x + 3$ や、定数関数である 3 も要素になる」

テトラ「すみません、ミルカさん。どうしてその関数の集合を V としたんですか。集合 (Set) の S でもなく、関数 (Function)

のFでもなく……」

ミルカ「この集合がヴェクタ (Vector) の集合になる予定だから」

テトラ「あ……そういうことなんですね。でも、関数がベクトル？ グラフが矢印になるわけではないですよね」

ミルカ「集合 V は次のように表現できる。これは V の要素が持つ条件を式で表現したものだ。形式を揃えるために 1 のことを x^0 と表記した」

集合 V（関数空間の一例）
次数が 2 以下の多項式すべての集合を V とする。
$$V = \{a_0 x^0 + a_1 x^1 + a_2 x^2 \mid a_0, a_1, a_2 \text{ は実数}\}$$

僕「これは、a_0, a_1, a_2 を係数に持つ関数の集合ということだね。実数係数というなら、a_0, a_1, a_2 は任意の実数ということ？」

ミルカ「もちろん」

僕「あ、わかってきたぞ。a_0, a_1, a_2 が成分か」

テトラ「あの、あたし、わかっていません……この $a_0 x^0 + a_1 x^1 + a_2 x^2$ がベクトルなんですか」

ミルカ「そう。$a_0 x^0 + a_1 x^1 + a_2 x^2$ を 3 次元ヴェクタ $\begin{pmatrix} a_0 \\ a_1 \\ a_2 \end{pmatrix}$ と見なす」

4.7 関数空間

僕「やっぱり」

テトラ「ちょ、ちょっと待ってください。ということは……たとえば、$2x^2 + 3x + 4$ だったら、$\begin{pmatrix} 2 \\ 3 \\ 4 \end{pmatrix}$ ということですか？」

僕「そうだね。係数を並べて」

ミルカ「違う。ここでは係数の順序は次数の低い順にした。そのほうが $a_j x^j$ のように添字と指数を一致させられる」

僕「あ、そうか。じゃ、$2x^2 + 3x + 4$ だったら、$4 + 3x + 2x^2$ で、係数が $4, 3, 2$ になるので、$\begin{pmatrix} 4 \\ 3 \\ 2 \end{pmatrix}$ ということ？」

ミルカ「そうなる」

僕「だったらあとは簡単だよ。だって、係数を抜き出して成分を並べるだけだから」

ミルカ「まあそうだが」

テトラ「すみません先輩方。あたしはまだわかっていないようです。あの……たとえば 2 次関数ってグラフは放物線で、これは平面に描かれるわけですよね。でも、3 次元のベクトルというと？」

ミルカ「テトラはまだ混乱している。関数のグラフを描く座標平面と、関数を関数空間上の一点と見なすときの空間を混同している」

テトラ「？」

ミルカ「いま私たちが行っているのは一種の対応付けだ。関数

$a_0x^0 + a_1x^1 + a_2x^2$ を考えたとき、その係数 a_0, a_1, a_2 を座標だと思い、3次元空間上の一点 (a_0, a_1, a_2) だと見なす。そしてそれはそのまま3次元ヴェクタ $\begin{pmatrix} a_0 \\ a_1 \\ a_2 \end{pmatrix}$ と見なせる。一つの関数を一つの点に同一視でき、さらに一つのヴェクタに同一視できる」

僕「ねえテトラちゃん。$y = 4 + 3x + 2x^2$ という関数のグラフを描くときは、x を変化させてたくさんの点を描くけど、その点は (x, y) の座標平面の上にある点だよね。でも、いまミルカさんが話している関数空間は、その座標平面とはぜんぜん違う別のところにあるんだよ。そこは3次元空間で、そこでは関数 $4 + 3x + 2x^2$ は $(4, 3, 2)$ という一点に対応しているってこと……だよね？」

ミルカ「そう」

テトラちゃんは爪を噛みながらしばらく考える。

テトラ「は、はい……なんとか、わかりました。《点》の意味を誤解していました。**関数空間では関数が点**なのですね。$a_0x^0 + a_1x^1 + a_2x^2$ という関数が、(a_0, a_1, a_2) という点——だったら確かに関数のグラフとは話が違います」

ミルカ「そこまで理解できたら、《関数の内積》は簡単に理解できる。こうだ」

4.7 関数空間

> **関数の内積**
>
> 集合 V の要素である 2 つの関数、
>
> $$f(x) = a_0 x^0 + a_1 x^1 + a_2 x^2$$
> $$g(x) = b_0 x^0 + b_1 x^1 + b_2 x^2$$
>
> に対して、$f(x)$ と $g(x)$ の内積 $f(x) \cdot g(x)$ を次式で定義する。
>
> $$f(x) \cdot g(x) = a_0 b_0 + a_1 b_1 + a_2 b_2$$

僕「これはわかるよ。$f(x)$ を $\begin{pmatrix} a_0 \\ a_1 \\ a_2 \end{pmatrix}$ として、$g(x)$ を $\begin{pmatrix} b_0 \\ b_1 \\ b_2 \end{pmatrix}$ としたんだから、内積は成分同士の積の和になるということだよね」

ミルカ「そう」

テトラ「確かにこれは成分を使って内積を表しているのと同じですが……でも、でも、だから、なんだというのでしょうか？」

ミルカ「数のヴェクタの場合には『ヴェクタの大きさと、ヴェクタのなす角度が定義されている』という前提のもとで、内積を次のように定義している」

$$\vec{a} \cdot \vec{b} = |\vec{a}||\vec{b}| \cos \theta$$

テトラ「大きさと角度が定義されているという前提？ まあ、確かに、そうですが……」

ミルカ「しかし、私たちは《関数の大きさ》や《関数のなす角度》などは知らない。そうだろう？」

テトラ「はい、そうです、でも……」

ミルカ「ここで発想を変える」

テトラ「？」

ミルカ「《大きさと角度から内積を定義する》のではなく、逆に《内積から大きさと角度を定義する》のだ」

テトラ「え！ そんなこと、できるんですか？」

僕「そうか！ できるよ、テトラちゃん。定義に使った数式の読み方を変えるんだね、ミルカさん！」

ミルカ「Exactly」

テトラ「数式の読み方を変える……と、いいますと？」

僕「$\vec{a} \cdot \vec{b} = |\vec{a}||\vec{b}| \cos\theta$ を変形して、$\cos\theta$ を定義している形だと思えばいいんだよ！」

$$\vec{a} \cdot \vec{b} = |\vec{a}||\vec{b}| \cos\theta \quad \text{内積を定義している式}$$

$$\cos\theta = \frac{\vec{a} \cdot \vec{b}}{|\vec{a}||\vec{b}|} \quad \text{角度を定義している式だと思う}$$

テトラ「……」

僕「うん、こんなふうにして、《ベクトルの内積》を《ベクトルの大きさの積》で割れば、$\cos\theta$ が得られるよね。すでに僕たちは関数をベクトルと見なすこともできているし、関数の内積も定義できているんだから、関数同士の角度——正確には $\cos\theta$ も得られることになるんだよ！」

テトラ「……？」

僕「え、わからない？」

テトラ「あ、いえ、先輩の説明のおかげで、途中まではわかりました。何だかすごそう！と思いましたが……でも、《関数の内積》は定義できているんですが、《関数の大きさ》はどうやって定義すればいいんでしょう。$|\vec{a}|$ や $|\vec{b}|$ のことです」

$$\cos\theta = \frac{\vec{a}\cdot\vec{b}}{|\vec{a}||\vec{b}|}$$

僕「う。……そういえばそうだな。関数の大きさの定義——いや、わかるわかる！ 数のベクトルと同じに考えればいいんだよ。$a_0 x^0 + a_1 x^1 + a_2 x^2$ は $\begin{pmatrix} a_0 \\ a_1 \\ a_2 \end{pmatrix}$ に対応しているんだから、普通のベクトルの大きさと同じく $\sqrt{a_0^2 + a_1^2 + a_2^2}$ で定義できる！」

テトラ「！」

僕「関数同士のなす角度を θ として、こんな式が作れる！」

> **関数同士のなす角度**
> 集合 V に属する 2 つの関数、
>
> $$f(x) = a_0 x^0 + a_1 x^1 + a_2 x^2$$
> $$g(x) = b_0 x^0 + b_1 x^1 + b_2 x^2$$
>
> に対して、$f(x)$ と $g(x)$ のなす《角度》を θ とし、$\cos\theta$ を次式で定義する。
>
> $$\begin{aligned}\cos\theta &= \frac{\vec{a}\cdot\vec{b}}{|\vec{a}||\vec{b}|} \\ &= \frac{a_0 b_0 + a_1 b_1 + a_2 b_2}{\sqrt{a_0^2 + a_1^2 + a_2^2}\sqrt{b_0^2 + b_1^2 + b_2^2}}\end{aligned}$$

テトラ「はわわ……複雑な式ですね」

僕「これでいいんだよね、ミルカさん?」

ミルカ「もちろん、これで正しい。ただ、どうせならすべてを内積で定義しよう」

僕「すべて?」

ミルカ「君はヴェクタの大きさを、数ヴェクタからの類推によって定義した。成分を使って $\sqrt{a_0^2 + a_1^2 + a_2^2}$ とね」

僕「それはとても自然だと思うんだけれど」

ミルカ「君は《自分自身との内積》を考えたことがない?」

僕「自分自身との内積って、$\vec{a}$ に対して $\vec{a} \cdot \vec{a}$ ということ？」

ミルカ「そういうこと」

僕「あ、そうか！ $\vec{a} \cdot \vec{a}$ の成分を考えると《大きさの平方》が得られる！」

$$
\begin{aligned}
\vec{a} \cdot \vec{a} &= \begin{pmatrix} a_0 \\ a_1 \\ a_2 \end{pmatrix} \cdot \begin{pmatrix} a_0 \\ a_1 \\ a_2 \end{pmatrix} && \text{ベクトルを成分で表した} \\
&= a_0 a_0 + a_1 a_1 + a_2 a_2 && \text{内積を成分で表した} \\
&= a_0^2 + a_1^2 + a_2^2 && \text{2 乗の形にした} \\
&= \left(\sqrt{a_0^2 + a_1^2 + a_2^2} \right)^2 && \text{ルートを取って 2 乗しても同じこと} \\
&= |\vec{a}|^2 && \text{ベクトルの大きさを使って表した}
\end{aligned}
$$

テトラ「先輩……そ、それが何なんでしょう？」

僕「こうすると、《ベクトルの大きさ》を《ベクトルの内積》だけで定義できるということだよ、テトラちゃん！」

$$
\begin{aligned}
|\vec{a}|^2 &= \vec{a} \cdot \vec{a} && \text{上の計算から} \\
|\vec{a}| &= \sqrt{\vec{a} \cdot \vec{a}} && \text{両辺のルートを取った}
\end{aligned}
$$

ミルカ「ふむ。内積を一般に定義するときに $\vec{a} \cdot \vec{a} \geqq 0$ を保証する必要性はここにあるな」

> **ベクトルの大きさを内積で表現する**
> $$|\vec{a}| = \sqrt{\vec{a} \cdot \vec{a}}$$

ミルカ「これで、角度を内積だけで表現できた。$\vec{a}$ と $\vec{b}$ のいずれかが $\vec{0}$ ならば、角度は未定義。また厳密には $-1 \leqq \cos\theta \leqq 1$ も示さなければならないが」

> **ベクトルの角度を内積で表現する**
> $$\cos\theta = \frac{\vec{a} \cdot \vec{b}}{\sqrt{\vec{a} \cdot \vec{a}} \sqrt{\vec{b} \cdot \vec{b}}}$$

僕「そうか、すごいな! 《ベクトルの内積》という計算が定義できれば、《ベクトルの大きさ》も《ベクトル同士の角度》も定義できることになるんだね。ねえ、ミルカさん、何だか急に、**内積が主人公になったみたいだよ**」

ミルカ「そう。内積という演算を適切に入れた集合は**内積空間**と呼ばれ、そこには角度と大きさという概念が入る。角度が入るということは、向きが入るということだ。内積によって向きと大きさが入り、私たちのよく知っている数ベクトルと似た空間が構築できる」

テトラ「はあ……でも、やっぱり関数同士の角度というのはなじ

めません。きっと見えないからですね」

ミルカ「確かに、関数空間での内積を扱うときには、角度全般よりも《直交するかどうか》に注目することが多いかもしれない」

テトラ「あの、それでも、なじめないのは同じです……すみません。関数と関数が直交する？」

ミルカ「たとえば、私たちの関数空間 V を考えたとき、その中にある3つの関数、1 と x と x^2 はどの2つを選んでも直交している」

テトラ「え……どうしてでしょう」

僕「これは、定義からわかるはずだよ。成分で考えればいいから」

$$1 = 1x^0 + 0x^1 + 0x^2$$
$$x = 0x^0 + 1x^1 + 0x^2$$
$$x^2 = 0x^0 + 0x^1 + 1x^2$$

僕「つまり、こういう対応がついているんだね」

関数空間上の点	←----→	成分表示
1	←----→	$\begin{pmatrix} 1 \\ 0 \\ 0 \end{pmatrix}$
x	←----→	$\begin{pmatrix} 0 \\ 1 \\ 0 \end{pmatrix}$
x^2	←----→	$\begin{pmatrix} 0 \\ 0 \\ 1 \end{pmatrix}$

テトラ「ははあ、$(1,0,0)$ と $(0,1,0)$ と $(0,0,1)$ ですか」

僕「3 次元空間の**基本ベクトル**だよ。x 軸と y 軸と z 軸の正の向き、大きさが 1 のベクトルだ」

ミルカ「そう。3 次元空間の基本ベクトルを使えば、3 次元空間のどの点でも表現できる。それとまったく同じように、$1, x, x^2$ という 3 個の関数の姿をしたヴェクタを、それぞれ実数倍して加えたものは、V のいかなる点でも表現できる。直交したヴェクタを使ってどんな点でも表現できる」

テトラ「すみません……あたしには、それでも、やっぱり、はっきり見えないです。先輩方にはきちんと形が見えているようなんですが」

ミルカ「もしかしたら、見るよりも先に聞こえるかもしれないな」

テトラ「は？」

ミルカ「数学には**フーリエ展開**という技法がある。関数を、三角関数の和として表現する技法だ。テイラー展開が関数を冪級数で表すのと似ている」

テトラ「はあ……」

ミルカ「ある条件を満たす関数ならば、必ず三角関数の和で表せる——つまりフーリエ展開できるという理論は、直交するヴェクタを使って、関数空間中の任意の点を表現できることに関係する」

テトラ「……」

ミルカ「そしてそれは、周期と位相の異なるサインカーブを足し合わせて任意の波形を作り出す理論でもある。音は波だ。

波形を関数のグラフだと思えば、音は関数と同一視できる。フーリエ展開は、サインカーブを足し合わせて任意の音を作り出す理論ともいえる」

テトラ「任意の音を——作り出す？」

ミルカ「ミュージック・シンセサイザーだよ、テトラ」

瑞谷女史「下校時間です」

"音楽を作る人には、他の人に聞こえない音が聞こえている。"

第4章の問題

●**問題 4-1**（ベクトルの内積）
以下の①～⑤に示すベクトルの内積をそれぞれ求めてください。

① $\begin{pmatrix}1\\2\end{pmatrix} \cdot \begin{pmatrix}3\\4\end{pmatrix}$
② $\begin{pmatrix}1\\2\end{pmatrix} \cdot \begin{pmatrix}1\\2\end{pmatrix}$
③ $\begin{pmatrix}1\\2\end{pmatrix} \cdot \begin{pmatrix}-1\\2\end{pmatrix}$
④ $\begin{pmatrix}1\\2\end{pmatrix} \cdot \begin{pmatrix}2\\-1\end{pmatrix}$
⑤ $\begin{pmatrix}1\\2\end{pmatrix} \cdot \begin{pmatrix}-2\\1\end{pmatrix}$

（解答は p. 255）

●**問題 4-2**（接線の方程式）
円 $x^2 + (y-1)^2 = 4$ に接する直線の方程式を求めてください。ただし、接点を (a, b) とします。

（解答は p. 256）

●**問題 4-3**（点と直線の距離）

点 (x_0, y_0) と、直線 $ax + by = 0$ との距離を h とします。このとき、点と直線の距離 h を a, b, x_0, y_0 で表してください。ただし、$a \neq 0$ または $b \neq 0$ とします。

（解答は p. 259）

第5章
ベクトルの平均

"ややこしい式が、図だとわかりやすくなるのはなぜか。"

5.1 僕の部屋

ここは僕の部屋。僕は、ミルカさんが先日話してくれたことをユーリに話していた。

僕「……って、《関数の角度》の話をしてたんだよ」

ユーリ「ミルカさま、かっこいい!」

僕「お? 説明、わかったのかな」

ユーリ「さっぱりわかんない!」

僕「がく。ま、しょうがないか。いきなり関数空間が出てきて」

ユーリ「わかったこともあるよ」

僕「すごいな、どんなこと?」

ユーリ「数学って、すっごくおっきいってこと!」

僕「え?」

ユーリ「お兄ちゃんや、ミルカさまや、テトラさんの話を聞いてるといつも思うんだけどねー。数学ってすっごくおっきくて、いろんなものがいっぱい出てくるの」

僕「おもしろいこと言うなあ……確かに、数学は《授業で習ってテスト受けて終わり》じゃないからね。いろんなものが出てくる。ねえユーリ。お兄ちゃんは、自分の勉強として数学をやってるんだよ」

ユーリ「自分の勉強として……って？」

僕「本屋で数学の本を買って読む。放課後に数式をいじる。それは、自分がやりたいことだから。好きなことだから。自分の勉強って、そういうこと」

ユーリ「お兄ちゃんは数式マニアだからにゃ」

僕「そういうんじゃなくて——たとえば、『この式がこうなるのはどうしてだろう』って疑問に思うこと、あるよね」

ユーリ「うん。よくある」

僕「そういうときに『まあいいか、時間もないから覚えちゃえ』じゃなくて、もっとじっくり『どうしてだろう、どうしてだろう』と考える。それは数学が好きだから。それに、理由がわからないと気持ちが悪いから」

ユーリ「あ、気持ちが悪いっていうのはわかるかも。バシッと決まらないとね、靴の中に砂が入った感じするもん。そのまま歩いちゃうと、足がずーっと気になるの」

僕「なるほど……それでね、お兄ちゃんは、どうしてだろうって

じっくり考えて、わからなかったら先生にも聞きにいく」

ユーリ「うわー優等生！」

僕「聞きにいくと、先生はけっこう教えてくれる。授業で聞けないようなおもしろい話を教えてくれることもある。でも、先生がすべての答えを知ってるわけでもないし、納得がいくところまで連れてってくれるとも限らない」

ユーリ「そゆとき、どーすんの？」

僕「やっぱり自分で考えて考えて考えなくちゃだめかな。自分なりの納得の仕方というのがあるみたいなんだよ。完全なまちがいは『それは違うよ』と先生が教えてくれるかもしれないけど、『そういうことか！』と納得する最後のステップは、必ず自分の中にある。先生の話はきっかけにすぎなくて」

ユーリ「ユーリは、パパッとわからないとめんどくなるかも」

僕「そんなことないよ。ユーリは確かに『めんどい！』ってよく言うけど、粘り強く考えるときもあるし……自分で持ってきたパズルやクイズをていねいに説明してくれることもあるし、ユーリは自分で思っているよりずっと根気強いよ」

ユーリ「て、照れるじゃん！」

僕「学校で習ってなくても、力の釣り合いの話、ベクトルの話、ベクトルの内積の話——何でもしっかり理解しようとするよね、ユーリは」

ユーリ「うひゃー……照れるなー、もっとホメて」

僕「がく」

5.2 ベクトル

ユーリ「お兄ちゃんから話を聞いてるあいだは、サインでもコサインでもベクトルでも、何でもわかった気になるんだけど、すぐ忘れちゃう」

僕「別にいいよ。また覚えればいい」

ユーリ「そーいえば、こないだ、2本の糸でオモリを下げる問題あったじゃん？（p. 28）」

僕「うん、力の釣り合いだね」

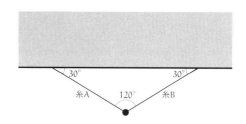

ユーリ「それそれ。あのとき、ベクトルを使っていろいろやったけど、もう忘れちゃった」

僕「そう？」

ユーリ「ひとつだけ覚えてるのはね、『矢印を描いたこと』と、『力をすべて見つけること』と、『何から何に対して働く力かをはっきりさせること』くらいかにゃ」

僕「ひとつじゃなくて、みっつ覚えてるなあ」

ユーリ「うわ、チェック細かい！」

僕「でも、それだけ覚えていたらすごいよ。あのときは、糸が重りを引く力の大きさを計算したんだね。糸 2 本の張力を合わせた合力が、重力と釣り合っていることを使って」

ユーリ「あー、それそれ」

僕「高校の力学だと、力の釣り合いを考えたり、物体が落下する運動を考えたり、ぐるぐる回転する運動を考えたり、振り子のように往復する運動を考えたりする」

ユーリ「それ、全部ベクトル？」

僕「うん。力は《向き》と《大きさ》を持ってるから、ベクトルを使って考えるのが自然なことが多いね。力以外でも、質点の位置を表したり、速度を表したり、加速度を表したり——とにかく**《向き》と《大きさ》を扱いたいとき**には、よくベクトルは出てくる」

ユーリ「ねーお兄ちゃん。これ、前も聞いたかもしんないけど」

僕「何？」

ユーリ「ベクトルは《向き》と《大きさ》を持ってるから、力や速度を表すのに使う……ってゆーのはわかったんだけど、あのね、やっぱり『ベクトルって何？』って思っちゃう」

僕「ああ、そういえば、前も言ってたね。『力って数？』だっけ」

ユーリ「それそれ。チカラは数なの？ ベクトルは数なの？」

僕「前はなんて答えたか忘れちゃったけど、《計算できる何か》と

いう意味ではベクトルも数のようなものだといえるよ。ベクトル同士の足し算はできるし、引き算もできる。内積という形で掛け算もできる」

ユーリ「あー、内積！ それも教えてもらった」

僕「うん。ベクトルは数のように計算できる。でも、数の計算と同じかというと、違うよね」

ユーリ「違うよー。だって、ベクトルには《向き》と《大きさ》があるんでしょ？ 数にはないもん」

僕「いや、それは正確じゃないなあ。数にも《向き》と《大きさ》は**あるよ**」

ユーリ「え？」

僕「数には符号っていう《向き》がある。正の数はプラスのほうを向いている数だし、負の数はマイナスのほうを向いている数だよね。ゼロはどちらも向いていない」

ユーリ「あー、まー、そーだけど……」

僕「数には《大きさ》もある。3という数も -3 という数も、どちらも同じ《大きさ》を持ってる。数学だとそれを**絶対値**と呼んで、縦棒ではさんで表すよね。$|3| = |-3|$ という具合に」

ユーリ「そーだね」

僕「うん、だから、ベクトルの《大きさ》を $|\overrightarrow{OA}|$ みたいに縦棒ではさんで表す気持ちもよくわかる」

ユーリ「おんなじだ……」

僕「ベクトルも数も《向き》と《大きさ》を持ってる。数はプラスとマイナスの2つの向きしかないけれど、ベクトルのほうは数よりもたくさんの向きがあるね」

ユーリ「そっかー……ベクトルは数と似てるね」

僕「うん、そうだね。力学の問題も、2つの向きしかないなら、ベクトルを使わずに単に数の問題として考えることができたし」

ユーリ「あ！ 思い出した！ ユーリが考えてた問題じゃん！ 人が地面の上に立ってて、止まってる話！（p.8）」

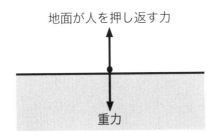

僕「止まっているか、または、等速直線運動」

ユーリ「お兄ちゃんがつつつつーと横に滑ってた！ あはははは！」

僕「いや、それは忘れていいから。いろんな向きが出てくるときには数じゃなくてベクトルが便利」

ユーリ「そっかー……ベクトルと数は似てるけど、ちょっと違う。計算もできるけど、ちょっと違う。足し算に引き算に掛け算に──割り算は？」

僕「ベクトルの割り算？ いや、知らないなあ。もちろん、ベクト

ルを 0 以外の実数で割ることはできるけどね。2 で割ったらベクトルの《大きさ》は半分で、《向き》は変わらない」

ユーリ「計算って、他に何があったっけ」

僕「あ、これはおもしろいよ。ベクトルの**平均**」

ユーリ「へーきん？」

5.3 ベクトルの平均

僕「問題の形にすればこうなるね」

問題1（ベクトルの平均）
平面上に 3 点 O, A, B が与えられたとき、
$$\frac{\overrightarrow{OA} + \overrightarrow{OB}}{2}$$
は何を表すか。

ユーリ「何を表すか？」

僕「そう。$\frac{\overrightarrow{OA} + \overrightarrow{OB}}{2}$ っていうのは $\overrightarrow{OA}$ と $\overrightarrow{OB}$ を足して 2 で割っているから、まあ、いわば平均だよね」

ユーリ「そーだね」

僕「ベクトルの平均 $\dfrac{\overrightarrow{\mathrm{OA}} + \overrightarrow{\mathrm{OB}}}{2}$ は何を表しているか」

ユーリ「何となくはわかるけど、どう答えたらいいかわかんない」

僕「何となくはわかる？」

ユーリ「あのね、両方を混ぜて割ってるから、あいだの……うーん」

僕「……」

ユーリ「うー……とにかく、あいだなの！」

僕「それだと、ユーリの考え、お兄ちゃんでもわからないなあ」

ユーリ「うー……」

僕「ねえ、ユーリ。《図を描いて考える》のはどうかな」

ユーリ「うー……描けない」

僕「そう？ じゃあ、もう少し手伝うよ。$\overrightarrow{\mathrm{OA}}$ と $\overrightarrow{\mathrm{OB}}$ だけ描こう」

問題1（ベクトルの平均）
平面上に3点 O, A, B が与えられたとき、

$$\frac{\overrightarrow{OA} + \overrightarrow{OB}}{2}$$

は何を表すか。

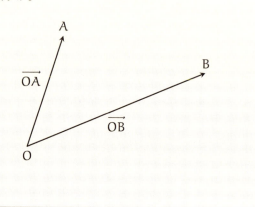

ユーリ「あっ！ そーゆー図でいいのかー」

僕「さあ、この図にベクトルの平均 $\dfrac{\overrightarrow{OA} + \overrightarrow{OB}}{2}$ は描けるかな？」

ユーリ「……」

僕「そもそも、$\dfrac{\overrightarrow{OA} + \overrightarrow{OB}}{2}$ って、数かな？ ベクトルかな？」

ユーリ「たぶん、ベクトル？」

僕「それでいいよ。$\dfrac{\overrightarrow{OA} + \overrightarrow{OB}}{2}$ はベクトルだね。このベクトルを

図に描けるかな？」

ユーリ「うー……くやしーけど、描けにゃい！」

僕「じゃあね、《似ているものを知らないか》と考えてみよう」

ユーリ「似てるもの？」

僕「そう。たとえば、$\dfrac{\overrightarrow{OA}+\overrightarrow{OB}}{2}$ が描けないんだったら、もう少し簡単な、$\overrightarrow{OA}+\overrightarrow{OB}$ は図に描けるかな？」

ユーリ「あ！ 描ける！ 平行四辺形！」

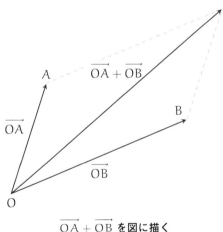

$\overrightarrow{OA}+\overrightarrow{OB}$ を図に描く

僕「大正解！ それがわかったら、$\dfrac{\overrightarrow{OA}+\overrightarrow{OB}}{2}$ もきっと描けるよ」

ユーリ「2で割る……ってことだよね？」

僕「そうだね。大きさが半分だ」

ユーリ「じゃ、こうだね！」

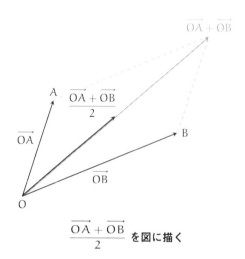

$\dfrac{\overrightarrow{OA} + \overrightarrow{OB}}{2}$ を図に描く

僕「そうだね！ さあ、それじゃあ $\dfrac{\overrightarrow{OA} + \overrightarrow{OB}}{2}$ は何だろう」

ユーリ「平均！」

僕「うん、そうなんだけど……そうだなあ、$\dfrac{\overrightarrow{OA} + \overrightarrow{OB}}{2}$ というベクトルの**終点**はどこにある？」

ユーリ「終点って、矢印の先のことだよね？」

僕「うん、そうだよ」

ユーリ「えーと、**中点**？」

僕「はい、正解！ きちんといえば、$\dfrac{\overrightarrow{OA} + \overrightarrow{OB}}{2}$ の終点は、線分ABの中点」

ユーリ「へー、そーなんだ。でも、平均したときにちょうど中点になるって、すごくそれっぽいよ、お兄ちゃん！」

僕「それっぽいってなんだよ。まあ、僕もそう思うけどね」

ユーリ「でも『終点は中点になる』って答え、ずるくない？ ベクトルじゃなくて、終点の話になるんだもん」

僕「ああ、確かにそうだね。**位置ベクトル**という言葉を使って答えるべきだった。こうだね」

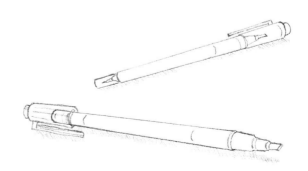

解答 1（ベクトルの平均）

平面上に 3 点 O, A, B が与えられたとき、

$$\frac{\overrightarrow{OA} + \overrightarrow{OB}}{2}$$

は、線分 AB の中点を表す位置ベクトルになる。

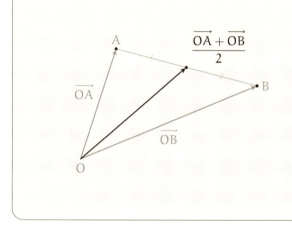

ユーリ「位置ベクトル？」

僕「うん。そう。点 O を 1 つ決めて、ベクトル $\overrightarrow{OA}$ は点 A を表して、ベクトル $\overrightarrow{OB}$ は点 B を表していると考える。これはいいよね。ベクトルの始点を点 O に固定して、ベクトルはその終点を表していると考えるんだよ。ベクトルの始点を固定するなら、ベクトルが決まれば点が決まる。このときのベクトルのことを、その点を表す**位置ベクトル**っていうんだ」

ユーリ「へー」

僕「だから、ベクトルは図形を扱うときにもよく使う」

ユーリ「その《だから》は何？」

僕「図形は点の集まりだよね？　ということは、ベクトルが点を表せるなら、点の集まりはベクトルの集まりとして考えられるってこと。特定の条件を満たすベクトル……の終点……は、図形を描くといってもいい」

ユーリ「そーなんだ」

5.4 理由を求めて

僕「ところで、どうして $\dfrac{\overrightarrow{OA} + \overrightarrow{OB}}{2}$ が中点を表す位置ベクトルだといえる？」

ユーリ「へ？　いま描いたばっかじゃん！」

僕「いやいや、確かに見た目はそうだけど、ほんとうにそうなのか、**証明**していないよね」

ユーリ「あ、そっか」

僕「そもそもユーリはどう考えたの？」

ユーリ「$\overrightarrow{OA} + \overrightarrow{OB}$ を考えて、それを半分にした」

僕「だったら、それをきちんと描けば、証明できるはず」

ユーリ「わかった。線をちゃんと描いて……こーゆー感じ？」

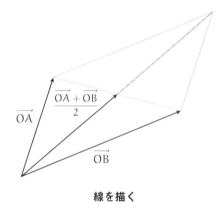

線を描く

僕「点の名前も書こうよ」

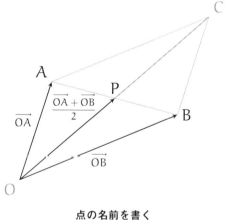

点の名前を書く

ユーリ「えーと……そんで？」

僕「《証明したいことは何か》」

ユーリ「そかそか、P が AB の中点であることを証明したい」

僕「そうだね。点 P が線分 AB の中点であることを証明したい。じゃあ、P はどんな点？」

ユーリ「OC の中点！」

僕「そうだね。点 P は線分 OC の中点である。ところで、それはどうして？」

ユーリ「だって半分にしたんだもん」

僕「何を？」

ユーリ「あー、はいはい。ちゃんと言えってこと？ 点 P は線分 OC の中点だよ。なぜかとゆーと、線分 OC の長さを半分にしたのが線分 OP だから」

僕「そうだね。ベクトル $\overrightarrow{OA} + \overrightarrow{OB}$ の大きさを半分にしたベクトル $\frac{\overrightarrow{OA} + \overrightarrow{OB}}{2}$ の終点が P だから、それがいえる」

ユーリ「ね！」

僕「これで OP = PC がわかった。でもまだ、点 P が線分 AB の中点であることはいえてない」

ユーリ「中点であること……」

僕「つまり、AP = PB であることをいえばいいんだよ」

ユーリ「……」

僕「どうした、ユーリ？」

ユーリ「……ねえ、AP = PB って、AP と PB の長さが等しいって意味？」

僕「そうだよ。中点ってそういうものだろ？」

ユーリ「違うよ！ お兄ちゃん。そーゆーものじゃないよ」

僕「違うって？」

ユーリ「AP = PB だとしても、P が中点とは限らないもん！」

僕「……おっと！ ユーリの言う通りだな。そうだね。点 P は線分 OC の上の点として決めたけれど、線分 AB 上にあるとはまだ証明できていない。点 P が線分 AB 上にあり、さらに AP = PB であるといえなければ、中点とはいえないな」

ユーリ「しっかりしてよね」

僕「でも証明はすぐだよ。平行——」

ユーリ「はいはい、わかったわかった！ **平行四辺形**だね！ えーと、四角形 AOBC は平行四辺形で、対角線 AB と OC を考えるんでしょ？ 平行四辺形の対角線は二等分するから中点！」

僕「まあ、ざっくり言ったらそうなるね」

ユーリ「図形問題は得意じゃからのう」

僕「いきなり年取るなよ」

ユーリ「へへー」

僕「ちゃんと書いておくか」

点 P が線分 AB の中点になることの証明

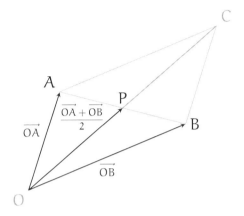

四角形 AOBC は平行四辺形である。したがって、2 本の対角線 AB と OC の交点は、線分 AB の中点でもあるし、線分 OC の中点でもある。点 P は線分 AB の中点なので、線分 OC の中点でもある。
(証明終わり)

ユーリ「ふんふん」

僕「ベクトルだけで証明することもできるよ。こんなふうに」

点 P の位置ベクトルは $\dfrac{\overrightarrow{OA} + \overrightarrow{OB}}{2}$ なので、以下の式が成り立つ。

$$\overrightarrow{OP} = \frac{1}{2}\overrightarrow{OA} + \frac{1}{2}\overrightarrow{OB} \quad \cdots\cdots\cdots\cdots Ⓐ$$

この式に出てくるベクトルは始点がすべて点 O になっているが、点 P が線分 AB の中点であることを示すため、始点をすべて点 A に置き換える。ベクトル $\overrightarrow{OP}, \overrightarrow{OA}, \overrightarrow{OB}$ はそれぞれ、

$$\begin{cases} \overrightarrow{OP} = \overrightarrow{AP} - \overrightarrow{AO} \\ \overrightarrow{OA} = \overrightarrow{AA} - \overrightarrow{AO} = -\overrightarrow{AO} \quad (\overrightarrow{AA} = \vec{0}\ だから) \\ \overrightarrow{OB} = \overrightarrow{AB} - \overrightarrow{AO} \end{cases}$$

となる。これらをⒶに代入して、

$$\overrightarrow{AP} - \overrightarrow{AO} = -\frac{1}{2}\overrightarrow{AO} + \frac{1}{2}\left(\overrightarrow{AB} - \overrightarrow{AO}\right)$$

となる。この式を整理して $\overrightarrow{AP}$ と $\overrightarrow{AB}$ の関係を調べる。

$\overrightarrow{AP} - \overrightarrow{AO} = -\frac{1}{2}\overrightarrow{AO} + \frac{1}{2}\left(\overrightarrow{AB} - \overrightarrow{AO}\right)$ 　上の式から

$\overrightarrow{AP} - \overrightarrow{AO} = \frac{1}{2}\overrightarrow{AB} - \frac{1}{2}\left(\overrightarrow{AO} + \overrightarrow{AO}\right)$ 　カッコを外して $\overrightarrow{AO}$ をまとめた

$\overrightarrow{AP} - \overrightarrow{AO} = \frac{1}{2}\overrightarrow{AB} - \overrightarrow{AO}$ 　　　　　　　$\overrightarrow{AO}$ を加えてカッコを外した

$\overrightarrow{AP} = \frac{1}{2}\overrightarrow{AB}$ 　　　　　　　　　　両辺に $\overrightarrow{AO}$ を加えた

したがって、

$$\overrightarrow{AP} = \frac{1}{2}\overrightarrow{AB}$$

がいえた。つまり、3 点 A, P, B は一直線上にあり、

$$|\overrightarrow{AP}| = \frac{1}{2}|\overrightarrow{AB}|$$

である。よって、点 P は線分 AB の中点であることがいえた。
（証明終わり）

ユーリ「うわめんどい！」

僕「式で書くとめんどうにみえるけど、やっていることは要するに $\overrightarrow{AP}$ が $\overrightarrow{AB}$ の半分だということを示しているんだよ」

ユーリ「めんどいよー」

僕「ベクトルを使うと、図形の問題も式の計算に持ち込めるってことをいいたかったんだけど……」

ユーリ「でも、やっぱりめんどいよー」

僕「……でもほら、座標の計算すらせずに、中点だといえるし」

ユーリ「あ、確かにそれはそーだね」

僕「だろ？ 似た問題としては、こんなのもあるよ。いいかい……」

5.5 m:nに内分する点

問題2

平面上に2点AとBがある。線分ABをm:nの比で内分する点をPとしたとき、ベクトル$\overrightarrow{OP}$を$\overrightarrow{OA}$と$\overrightarrow{OB}$を使って表せ。

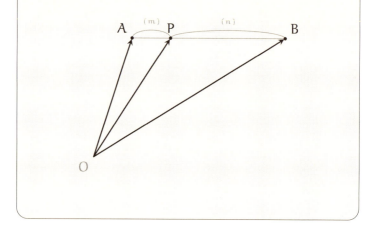

僕「こんな問題はどうかな、ユーリ」

ユーリ「エム対エヌの比で、内分する点……」

僕「そうそう。**内分点**というときもあるね」

ユーリ「とりあえず、さっぱりわかんないんだけど」

僕「そう? わからないときには《似ているものを知らないか》

と自分に問いかけるんだよ。たとえば、$m:n = 1:1$ のときはわかるよね」

ユーリ「わかんない」

僕「ねえ、ユーリ。『そのスピードは考えてない証拠』ってミルカさんに言われたんじゃなかったっけ?」

ユーリ「ちぇっ! えーと……エムたいエヌがイチたいイチ……あ、なーんだ中点じゃん! さっきやったよ。こーでしょ?」

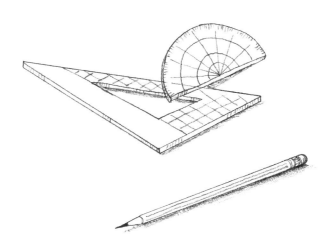

内分点の特別な場合（中点）

平面上に 2 点 A と B がある。線分 AB を 1:1 の比で内分する点を P としたとき、ベクトル $\overrightarrow{OP}$ は $\overrightarrow{OA}$ と $\overrightarrow{OB}$ を使って次のように表せる。

$$\overrightarrow{OP} = \frac{\overrightarrow{OA} + \overrightarrow{OB}}{2}$$

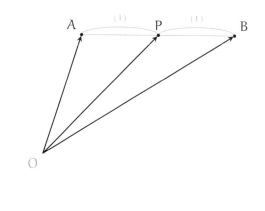

僕「その通り！　そうだね。線分 AB の中点は、言い換えれば 1:1 に内分する点ということになる。そしてそれは、2 つのベクトル $\overrightarrow{OA}$ と $\overrightarrow{OB}$ を足して 2 で割った——つまり、平均の形になる」

ユーリ「ふんふん。そんで？」

僕「だからね、さっきの《m:n に内分する点を求める》という問題は、《中点を求める》という問題を**一般化**していることに

なるんだよ」

ユーリ「いっぱんか……」

僕「そうだよ。**《文字の導入による一般化》**だ。m と n の 2 つの文字を使って一般化してる」

ユーリ「ふーん」

僕「中点を求める問題を $m:n$ の内分点を求める問題に一般化した。でね、こういうときには一般化する前の問題をよく見て、どうすれば一般化した問題が解けるかなって考える。もう手元に解いた問題があるから考えやすいよね」

ユーリ「でもお兄ちゃん。$1:1$ と $m:n$ じゃずいぶん違うよ」

僕「こんなふうに考えてみようか。$1:1$ じゃなくて $1:2$ に内分する点はどうなるかな」

ユーリ「？」

僕「つまりね、$m:n$ みたいに文字で考えるんじゃなくて、$1:2$ という別の具体的な問題を考えてみるんだよ。もちろん、$1:1$ のときの答えが大きなヒントになる」

ユーリ「イチたいニの点……」

問題3

平面上に2点AとBがある。線分ABを1:2の比で内分する点をPとしたとき、ベクトル$\overrightarrow{OP}$を$\overrightarrow{OA}$と$\overrightarrow{OB}$を使って表せ。

僕「さあ図形問題だ。まず、最初にどうする？」

ユーリ「あ！ そだそだ。《図を描く》んだった」

僕「そうだね。線分ABを1:2に内分する点Pを描こう」

ユーリ「1:2の点ってAPのほうが短いんだよね……こうかにゃ？」

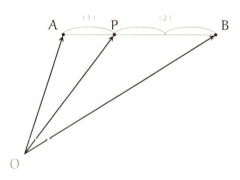

線分ABを1:2に内分する点Pを描く

僕「そうそう。それでいいね。さてそれで……」

ユーリ「それで？」

僕「《求めるものは何か》」

ユーリ「点 P でしょ」

僕「じゃなくて、ベクトル $\overrightarrow{OP}$ だね」

ユーリ「あー！ ユーリ、そーゆー意味で言ったんだよ、いま！」

僕「はいはい。ともかく求めるものはベクトル $\overrightarrow{OP}$ だね」

ユーリ「それで？」

僕「《与えられているものは何か》」

ユーリ「与えられているのは、点 A と点 B じゃん」

僕「ユーリは、それ、どういう意味で言ったの？」

ユーリ「おっと！ 与えられているのはベクトル $\overrightarrow{OA}$ と $\overrightarrow{OB}$ だよん、もちろん」

僕「そうだね。だから、$\overrightarrow{OA}$ と $\overrightarrow{OB}$ を使って $\overrightarrow{OP}$ を表せば問題解決」

ユーリ「……」

僕「どうした？」

ユーリ「考えてんの！ ……あのね、単純に $\overrightarrow{OA}$ と $\overrightarrow{OB}$ の平均にしたら、中点になっちゃうわけだよね？」

僕「そうそう、いいぞ」

ユーリ「1 : 1 じゃなくて 1 : 2 にしたいんだから、点 P は中点よりも点 A に近くしなくちゃいけないんだよね？」

僕「そうだね」

ユーリ「だから……あのね、平均みたいなことをするんだけど、$\vec{OA}$ をね、エラくすればいいと思うんだけど」

僕「偉くする？」

ユーリ「エラくするってゆーか、強くするってゆーか……とにかく $\vec{OA}$ のほうを $\vec{OB}$ よりも2倍くらい強くしてやるといいんじゃないかなって」

僕「すごいな、ユーリ！ それで正解だよ。《重くする》というんだけど、ユーリの考えで正解だよ」

ユーリ「え、ほんと？ じゃ、こうだ！」

ユーリの解答

平面上に2点AとBがある。線分 AB を 1:2 の比で内分する点をPとしたとき、ベクトル $\vec{OP}$ は $\vec{OA}$ と $\vec{OB}$ を使って次のように表せる。

$$\vec{OP} = \frac{2\vec{OA} + \vec{OB}}{?} \quad (?)$$

僕「うわ、惜しい！」

ユーリ「違うの？」

僕「分母は2じゃなくて3になるんだよ。ほら、$\vec{OA}$ は2つ分の重みで、$\vec{OB}$ は1つ分の重みで考えたんだから、全体として

は 3 の重みで割ってやる必要がある」

ユーリ「あ！ なるほど！」

解答 3

平面上に 2 点 A と B がある。線分 AB を 1 : 2 の比で内分する点を P としたとき、ベクトル $\overrightarrow{OP}$ は $\overrightarrow{OA}$ と $\overrightarrow{OB}$ を使って次のように表せる。

$$\overrightarrow{OP} = \frac{2\overrightarrow{OA} + \overrightarrow{OB}}{3}$$

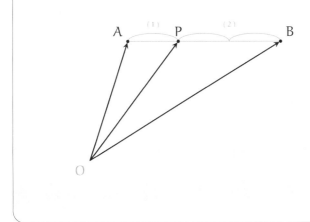

僕「それにしても、よくわかったね」

ユーリ「うーん……でも……」

僕「1 : 1 と 1 : 2 がわかったってことは、もう m : n も予想がつ

くんじゃないかな？」

ユーリ「あ……」

　ユーリは急に口を閉じ、真剣な顔つきになる。栗色の髪が金色に輝く。

僕「……」

ユーリ「……わかった！ m 倍と n 倍重くすればいい……違う、逆！ n 倍と m 倍！」

僕「おお！」

ユーリ「そんで、$m+n$ で割るんでしょ？ こうだ！」

解答 2

平面上に 2 点 A と B がある。線分 AB を $m:n$ の比で内分する点を P としたとき、ベクトル $\overrightarrow{OP}$ は $\overrightarrow{OA}$ と $\overrightarrow{OB}$ を使って次のように表せる。

$$\overrightarrow{OP} = \frac{n\overrightarrow{OA} + m\overrightarrow{OB}}{m+n}$$

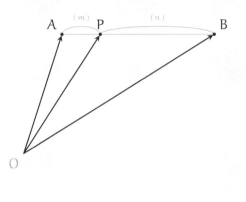

僕「はい、正解」

ユーリ「やたっ!」

僕「これで、$1:1$ という特別な内分点だけじゃなく、一般的な $m:n$ という内分点を表すことができた」

ユーリ「ふふん!」

僕「一般的な問題を解いた後はどうしたらいいか、知ってる?」

ユーリ「もっと一般的な問題を解く！」

僕「うん、それもいいんだけど、その前に、具体的な解答と整合しているかどうかを調べるんだよ。《**答えを確かめる**》んだね。《**結果をためすことができるか**》と問うんだ」

ユーリ「せーごーしてるって、何？」

僕「$m:n = 1:1$ や $1:2$ の問題はもう解いたよね。そのときの答えと、$\overrightarrow{OP} = \dfrac{n\overrightarrow{OA} + m\overrightarrow{OB}}{m+n}$ という式の答えが一致するかどうか調べるってこと」

ユーリ「？」

僕「たとえば、$m:n = 1:1$ のときはこう確かめられる」

$$
\begin{aligned}
\overrightarrow{OP} &= \dfrac{n\overrightarrow{OA} + m\overrightarrow{OB}}{m+n} \quad &\text{解答 2 の式 (p.213)} \\
&= \dfrac{1\overrightarrow{OA} + 1\overrightarrow{OB}}{1+1} \quad &m=1, n=1 \text{ を代入した} \\
&= \dfrac{\overrightarrow{OA} + \overrightarrow{OB}}{2} \quad &\text{計算した}
\end{aligned}
$$

ユーリ「平均の式だね」

僕「そうそう。$m:n$ という一般的な内分点の式は、$m:n = 1:1$ のとき、中点を求める式と同じ式になった。だから、中点の

場合を含んだ形で一般化していることになるんだよ」

ユーリ「ふんふん」

僕「同じように、$m:n = 1:2$ でも確かめられるよ。いいかい」

ユーリ「……ちょっと待って」

僕「がく。どうした？」

5.6 ユーリの疑問

ユーリ「あのね、$1:2$ のときの計算はいーんだけど、ユーリ、別のこと考えてた」

僕「何？」

ユーリ「お兄ちゃんが《重み》って言ってたじゃん。でも変だよ」

僕「何が変なの？」

ユーリ「だって、ほら、$m:n$ ってゆーのは比なんでしょ？」

僕「そうだね」

ユーリ「だったら、たとえば $m:n = 1:2$ ってゆーのは $m:n = 100:200$ でもいいわけじゃん？」

僕「うんうん、いいよ」

ユーリ「だったら、《重み》が 1 でも 100 でも同じっておかしくない？」

僕「わかった。$m:n$ で《重み》が m や n なのはおかしいと言いたいんだね。1 でも 100 でも同じになっちゃうから」

ユーリ「そー」

僕「ユーリの気持ちはわかるけど、ほら《重みをすべて足した数 $m+n$》を分母に持ってきてるから大丈夫。$1:2$ が $100:200$ になったときには、分母は 3 から 300 になる。100 倍した分は、ちゃんと打ち消してくれる」

ユーリ「あ、そかそか。あたりまえじゃん！」

僕「$m:n$ の内分点を考えるというのは、$\overrightarrow{OA}$ と $\overrightarrow{OB}$ がそれぞれ点 P を《どれだけの割合で引っ張っているか》を考えているんだよ」

ユーリ「うんうん」

僕「$m=n$ のときには、$m:n=1:1$ で、$\overrightarrow{OA}$ と $\overrightarrow{OB}$ は同じ割合で引っ張り合う。$\frac{1}{2}$ と $\frac{1}{2}$ だね。一般的に $m:n$ の内分点を作るとき、ベクトル $\overrightarrow{OA}$ と $\overrightarrow{OB}$ はそれぞれ、$\frac{n}{m+n}$ と $\frac{m}{m+n}$ という割合で点を引っ張り合う」

ユーリ「うん、m と n が逆になるんでしょ。気づいてたよ！ 狭いほうが強く引っ張らなくちゃいけないから」

僕「そうだね。どういう割合で引っ張り合っているかは、式をこんなふうに書き換えてみるとはっきりわかる。$m:n$ の内分点の場合だよ」

《割合》がはっきりわかるように書き直す

平面上に 2 点 A と B がある。線分 AB を $m:n$ の比で内分する点を P としたとき、ベクトル $\overrightarrow{OP}$ は $\overrightarrow{OA}$ と $\overrightarrow{OB}$ を使って次のように表せる。

$$\overrightarrow{OP} = \frac{n}{m+n}\overrightarrow{OA} + \frac{m}{m+n}\overrightarrow{OB}$$

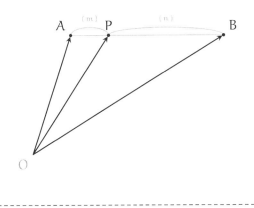

ユーリ「ほーほー。$\dfrac{n\overrightarrow{OA} + m\overrightarrow{OB}}{m+n}$ を $\dfrac{n}{m+n}\overrightarrow{OA} + \dfrac{m}{m+n}\overrightarrow{OB}$ って分けたんだね」

僕「そうだね。つまり、$\dfrac{n}{m+n}$ を $\overrightarrow{OA}$ に掛けたベクトルと、$\dfrac{m}{m+n}$ を $\overrightarrow{OB}$ に掛けたベクトルを加えると、$m:n$ の内分点を表すベクトルが求められるってことになる」

ユーリ「おー！」

僕「m : n = 1 : 1 のときも合わせて書くとこうだよ」

点 P が線分 AB の中点（m : n = 1 : 1）の場合
線分 AB の中点を P とすると、中点を表す位置ベクトル $\overrightarrow{OP}$ は、$\overrightarrow{OA}$ に $\frac{1}{2}$ を掛けたベクトルと、$\overrightarrow{OB}$ に $\frac{1}{2}$ を掛けたベクトルの和で表される。

$$\overrightarrow{OP} = \frac{1}{2}\overrightarrow{OA} + \frac{1}{2}\overrightarrow{OB}$$

ユーリ「うんうん」

僕「そして、この式を図に描くと、**小さな平行四辺形が現れる**」

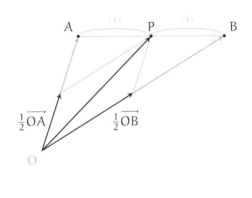

点 P が線分 AB の中点（m : n = 1 : 1）の場合
線分 AB の中点を P とすると、中点を表す位置ベクトル $\overrightarrow{OP}$ は、$\overrightarrow{OA}$ に $\frac{1}{2}$ を掛けたベクトルと、$\overrightarrow{OB}$ に $\frac{1}{2}$ を掛けたベクトルの和で表される。

$$\overrightarrow{OP} = \frac{1}{2}\overrightarrow{OA} + \frac{1}{2}\overrightarrow{OB}$$

ユーリ「……」

僕「さっき中点のベクトルを考えたときには、2 つのベクトルの和を取ってから半分にしたけど、こんなふうに 2 つのベクトルを半分にしてから和を取っても同じことになるね」

ユーリ「お兄ちゃん、ぐるっと回ってわかった感じがする！」

僕「なんだそりゃ」

5.7 証明は？

ユーリ「ねえねえ」

僕「ん？」

ユーリ「引っ張り合いを考えて答えはわかったけど、これって、証明するのむずかしそーだね」

問題 4

平面上に 2 点 A と B がある。線分 AB を $m:n$ の比で内分する点を P としたとき、ベクトル $\overrightarrow{OP}$ は $\overrightarrow{OA}$ と $\overrightarrow{OB}$ を使って次のように表せる。**このことを証明せよ。**

$$\overrightarrow{OP} = \frac{n\overrightarrow{OA} + m\overrightarrow{OB}}{m+n}$$

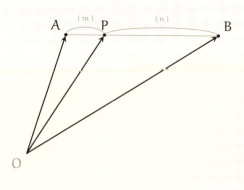

僕「証明？ いや、ぜんぜん難しくないよ」

ユーリ「ええ？」

僕「式を使って計算すれば、すぐにわかる」

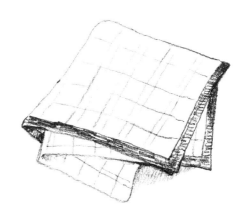

解答 4

点 P は線分 AB を $m:n$ の比で内分する点だから、

$$\overrightarrow{AP} = \frac{m}{m+n}\overrightarrow{AB} \cdots\cdots\cdots ①$$

が成り立つ。2 つのベクトル $\overrightarrow{AP}, \overrightarrow{AB}$ は、始点を O にすると、

$$\overrightarrow{AP} = \overrightarrow{OP} - \overrightarrow{OA}, \quad \overrightarrow{AB} = \overrightarrow{OB} - \overrightarrow{OA}$$

となる。したがって、①は以下のように書き換えられる。

$$\overrightarrow{OP} - \overrightarrow{OA} = \frac{m}{m+n}\left(\overrightarrow{OB} - \overrightarrow{OA}\right)$$

$\overrightarrow{OA}$ を右辺に移項し、$\overrightarrow{OP}$ を計算していく。

$$\begin{aligned}
\overrightarrow{OP} &= \frac{m}{m+n}\left(\overrightarrow{OB} - \overrightarrow{OA}\right) + \overrightarrow{OA} && \overrightarrow{OA} \text{ を右辺に移項}\\
&= \frac{m}{m+n}\overrightarrow{OB} - \frac{m}{m+n}\overrightarrow{OA} + \overrightarrow{OA} && \text{カッコを外した}\\
&= \frac{m}{m+n}\overrightarrow{OB} + \left(-\frac{m}{m+n} + 1\right)\overrightarrow{OA} && \overrightarrow{OA} \text{ でくくった}\\
&= \frac{m}{m+n}\overrightarrow{OB} + \frac{-m+(m+n)}{m+n}\overrightarrow{OA} && \text{通分して加えた}\\
&= \frac{m}{m+n}\overrightarrow{OB} + \frac{n}{m+n}\overrightarrow{OA} && \text{分子を計算した}\\
&= \frac{n}{m+n}\overrightarrow{OA} + \frac{m}{m+n}\overrightarrow{OB} && \text{和の順序を変えた}\\
&= \frac{n\overrightarrow{OA} + m\overrightarrow{OB}}{m+n} && \text{加えた}
\end{aligned}$$

したがって、

$$\overrightarrow{OP} = \frac{n\overrightarrow{OA} + m\overrightarrow{OB}}{m+n}$$

が示された。(証明終わり)

僕「ね、すぐできるだろ？」

ユーリ「わかんないよ！」

僕「どこが？」

ユーリ「いっちゃん最初のとこ！」

> 点 P は線分 AB を m : n の比で内分する点だから、
> $$\overrightarrow{AP} = \frac{m}{m+n}\overrightarrow{AB} \cdots\cdots\cdots ①$$
> が成り立つ。

僕「これがわからないの？」

ユーリ「うん」

僕「この図をじっと見ればすぐにわかるよ」

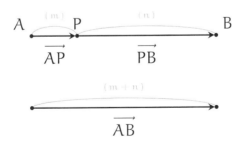

ユーリ「じー」

僕「わかった？」

ユーリ「……わかった。あたりまえじゃん。全体の $\overrightarrow{AB}$ の長さを $m+n$ として考えれば」

僕「そうだね。m に相当するベクトルは $\overrightarrow{AP}$ で、n に相当するベクトルは $\overrightarrow{PB}$ になる」

ユーリ「むー」

僕「図を描くのは大事だろ？」

ユーリ「だったら、最初から描いてよ！」

僕「むー」

母「子供たち！　ピザ食べる？」

ユーリ「はーい！　食べまーす！」

　母さんから《ピザコール》で呼ばれ、ダイニングに移動しながら僕は思う。図形の問題なのに、式で計算ができる。ベクトルの魅力は尽きない。

"ややこしい図が、式だとわかりやすくなるのはなぜか。"

第5章の問題

●**問題 5-1**（内分点）

以下の図で、点 P は線分 AB を $2:3$ に内分しています。このとき、ベクトル $\overrightarrow{OP}$ を、2 つのベクトル $\overrightarrow{OA}$ と $\overrightarrow{OB}$ を使って表してください。

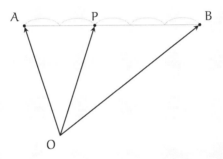

（解答は p.266）

● 問題 5-2（内分点）

問題 5-1 の点 O を以下のように少し移動させました。このとき、ベクトル $\overrightarrow{OP}$ を、2 つのベクトル $\overrightarrow{OA}$ と $\overrightarrow{OB}$ を使って表してください。

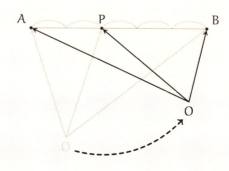

（解答は p. 267）

●**問題 5-3**（内分点の座標）

以下の図で、点 P は線分 AB を 2 : 3 に内分しています。2 点 A, B が A(1, 2), B(6, 1) であるとき、点 P の座標を求めてください。

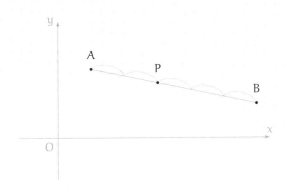

(解答は p. 268)

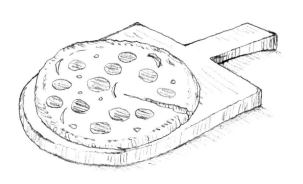

エピローグ

ある日、あるとき。数学資料室にて。

少女「うわあ、いろんなものあるっすね！」

先生「そうだね」

少女「先生、これは何？」

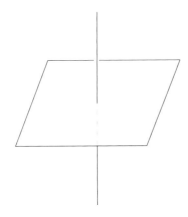

先生「何だと思う？」

少女「紙の串刺し？」

先生「これは、空間の中で平面を定めようとしている様子だね。平面の方向を決めたかったら、直線を一本決めればいい。直線を一本決めれば、その直線で平面の方向が決まる」

少女「先生、直線と垂直に交わる平面はたくさんあるっすよ」

先生「その通り。直線で《平面の方向》は一つに決まるけれど、《平面》が一つに決まるわけじゃない。平行移動で重なる平面はすべて同じ方向になってしまうから」

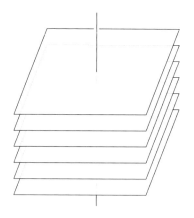

少女「平行移動を止めれば決まりますけど」

先生「平行移動を止めるには、さらに一点を決めればいい。直線を一本決めて、さらに点を一つ決める。そうすれば平面が一つ決まる。直線と垂直に交わり、点を通る平面だね」

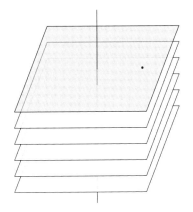

少女「平面の方向を直線が決めて、平面の位置を点が決める」

先生「そうなるね。平面に垂直なベクトルのことを、その平面の**法線ベクトル**という。法線ベクトルとの内積が一定である位置ベクトルを集めれば、平面が一つ決まる」

少女「内積ですと？」

先生「そうだね。法線ベクトル $\vec{u}$ を固定して、点を表す位置ベクトルを $\vec{p}$ とするとき、2つのベクトルの内積 $\vec{u} \cdot \vec{p}$ が一定なら、平面が一つ決まる。つまり、**内積が一定**なら、平面が自然に生まれるんだよ」

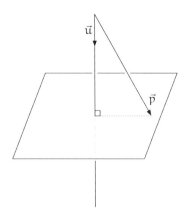

少女「$\vec{u}$ と $\vec{p}$ で平面が決まる……」

$$\vec{u} \cdot \vec{p} = K \qquad (\text{K は定数})$$

先生「そうだね。ベクトルの内積が一定、という条件は平面の方程式を導くんだ。法線ベクトルを $\vec{u} = \begin{pmatrix} a \\ b \\ c \end{pmatrix}$ として、点の位置ベクトルを $\vec{p} = \begin{pmatrix} x \\ y \\ z \end{pmatrix}$ とすると、$\vec{u} \cdot \vec{p} = K$ から、

$$\begin{pmatrix} a \\ b \\ c \end{pmatrix} \cdot \begin{pmatrix} x \\ y \\ z \end{pmatrix} = K$$

となり、これは、

$$ax + by + cz = K$$

と書けて、平面の方程式となる」

少女「先生、コンパスが見えます」

先生「コンパス？」

少女「もしも、$|\vec{p}|$ も一定なら、平面上に円が描けますから」

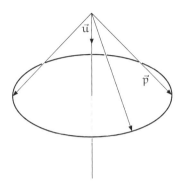

先生「確かにそうだね。$|\vec{p}|$ が定数 R に等しいなら、

$$\sqrt{x^2 + y^2 + z^2} = R$$

と書けて、平面の方程式と連立させれば《空間に浮かぶ円の方程式》になる」

$$\begin{cases} ax + by + cz = K \\ \sqrt{x^2 + y^2 + z^2} = R \end{cases}$$

少女「先生、$x^2 + y^2 + z^2$ にも内積が見えます！」

$$x^2 + y^2 + z^2 = \begin{pmatrix} x \\ y \\ z \end{pmatrix} \cdot \begin{pmatrix} x \\ y \\ z \end{pmatrix} = \vec{p} \cdot \vec{p}$$

先生「ああ、そうだね。ベクトルの大きさは内積で表せる」

$$|\vec{p}| = \sqrt{\vec{p} \cdot \vec{p}}$$

少女「連立しなければ、もっとすごいコンパスが見えます！」

$$\sqrt{x^2 + y^2 + z^2} = R$$

先生「もっとすごいコンパス？」

少女「これは、空間に浮かぶ球面の方程式っすね！」

$$\sqrt{\vec{p} \cdot \vec{p}} = R$$

　少女はそう言って「くふふっ」と笑った。

【解答】
A N S W E R S

第1章の解答

●**問題 1-1**（作用・反作用の法則）
重りを糸で吊ったとき、重りには重力が働いています。地球から重りに働く重力を作用の力とするとき、反作用の力は何から何に働く力になるでしょうか。

■解答 1-1

重りに働く重力は、地球から重りに働く力です。ですから、重りに働く重力を作用の力とするとき、反作用の力は重りから地球に働く力になります。

答　重りから地球に働く力

補足

この答えが「糸から重りに働く力」ではないことに注意してください。「P から Q に働く力」を《作用の力》と呼ぶとき、「Q から P に働く力」が《反作用の力》です。問題 1-1 では、地球が P で重りが Q に相当します。

●問題 1-2 (すべての力を探す)

以下の図のように、重りがバネで吊られて静止しています。このとき、重りに働く力をすべて探してみましょう。《何から何に働く力であるか》ならびに《向きと大きさ》を答えてください。

■解答 1-2

重りに働く力は以下の 2 つです。

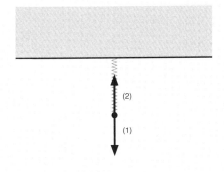

(1) 地球から重りに働く力。
    鉛直下向きで、大きさは (2) に等しい。
(2) バネから重りに働く力。
    鉛直上向きで、大きさは (1) に等しい。

●問題 1-3（合力）
以下の図のように、質点に 2 つの力が働いているとします。このとき、2 つの力の合力を図示してください。

■解答 1-3

以下の図のように平行四辺形を描くと、その対角線が合力の向きと大きさを表します。

●問題 1-4（力の釣り合い）

以下のように、静止している質点にピンと張った糸が3本つながっているとします。図では1本の糸から質点に働く力だけが示されています。他の2本の糸から質点に働く力も図示してください。

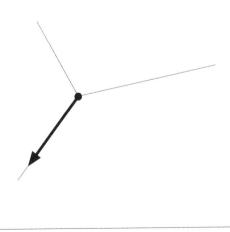

■解答 1-4

まず、問題で示されている力と釣り合う力 (1) を求めます。これは逆向きで大きさが等しい力になります。

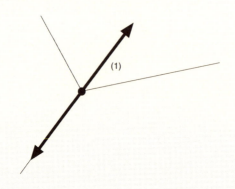

次に、(1) が対角線となり、2 本の糸が二辺と重なるような平行四辺形を描きます。これで、2 本の糸から質点に働く力 (2) と (3) が求められます。

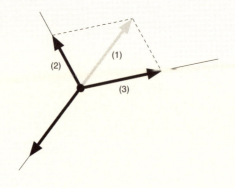

第2章の解答

●問題 2-1（ベクトルの差）

2つのベクトル $\vec{a}$ と $\vec{b}$ が以下の図で与えられているとき、ベクトル $\vec{a} - \vec{b}$ を図示してください。

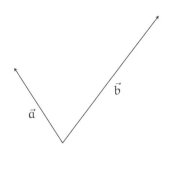

■解答 2-1

ベクトル $\vec{a} - \vec{b}$ は次の図のようになります。

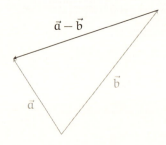

ベクトル $\vec{a}-\vec{b}$ は以下の図のように考えて求めることができます。左では $\vec{a}$ の途中をふにゃっと曲げ、右ではその曲げた $\vec{a}$ から $\vec{b}$ を取り除いています。

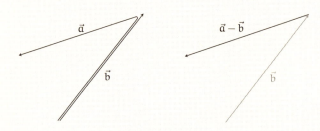

●問題 2-2（ベクトルの差）
$\vec{a}-\vec{b}$ と $\vec{b}-\vec{a}$ という2つのベクトルは、互いにどんな関係にあるでしょうか。

■解答 2-2

$\vec{a}-\vec{b}$ と $\vec{b}-\vec{a}$ という2つのベクトルは、大きさが等しくて、

向きが逆向きのベクトルになります

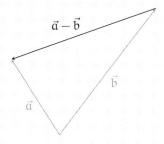

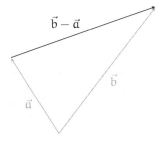

●問題 2-3 (ベクトルの和と差)

$\vec{p} = \vec{a} + \vec{b}$ と $\vec{q} = \vec{a} - \vec{b}$ という 2 つのベクトル $\vec{p}, \vec{q}$ を考えます。このとき、$\vec{p} + \vec{q}$ を図示してください。

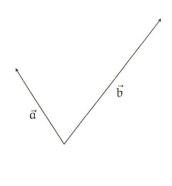

■解答 2-3

図形で考える

① まず、$\vec{p} = \vec{a} + \vec{b}$ と $\vec{q} = \vec{a} - \vec{b}$ を描くと、以下のようになります。

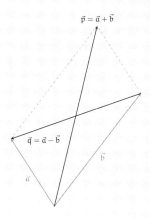

① $\vec{p} = \vec{a} + \vec{b}$ と $\vec{q} = \vec{a} - \vec{b}$ を描く

② 次に、$\vec{p} + \vec{q}$ を求めるため、$\vec{p}$ と始点が一致するまで $\vec{q}$ を平行移動します。このとき、$\overrightarrow{QA} = \vec{b} = \overrightarrow{AP}$ であることに注意すると、3 点 Q, A, P は一直線に並び、点 A が線分 QP の中点になっていることがわかります。

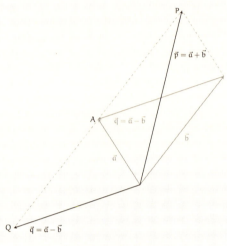

② $\vec{q}$ を平行移動する

③ 最後に、$\vec{p}$ と $\vec{q}$ で平行四辺形を作って $\vec{p}+\vec{q}$ を求めます。このとき、点 A が線分 QP の中点であることから、点 A は平行四辺形 QOPR の 2 つの対角線の交点になります。したがって、点 A は対角線 OR の中点にもなっており、$\vec{p}+\vec{q}$ は $2\vec{a}$ に等しくなります。

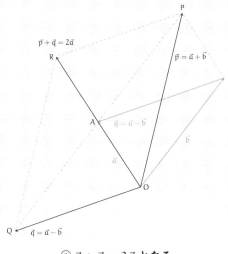

③ $\vec{p} + \vec{q} = 2\vec{a}$ となる

計算で考える

問題 2-3 は、以下のように計算で考えることもできます。

$$
\begin{aligned}
\vec{p} + \vec{q} &= (\vec{a} + \vec{b}) + (\vec{a} - \vec{b}) && \vec{p}, \vec{q} \text{ の定義から} \\
&= \vec{a} + \vec{b} + \vec{a} - \vec{b} && \text{カッコを外した} \\
&= \vec{a} + \vec{a} + \vec{b} - \vec{b} && \text{足し算の順序を変えた} \\
&= 2\vec{a} + \vec{0} && \vec{a} + \vec{a} = 2\vec{a} \text{ と } \vec{b} - \vec{b} = \vec{0} \text{ を使った} \\
&= 2\vec{a} && \vec{0} \text{ を加えても変わらないことを使った}
\end{aligned}
$$

第3章の解答

●**問題 3-1**(内積を求める)

以下のベクトル $\vec{a}$ と $\vec{b}$ の内積 $\vec{a} \cdot \vec{b}$ を求めてください。

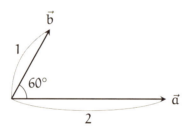

■**解答 3-1**

以下のように求めます。

$$\begin{aligned}
\vec{a} \cdot \vec{b} &= |\vec{a}||\vec{b}| \cos 60° \quad &&\text{内積の定義から} \\
&= 2 \cdot 1 \cdot \frac{1}{2} \quad &&|\vec{a}|=2, |\vec{b}|=1, \cos 60° = \tfrac{1}{2} \text{ だから} \\
&= 1
\end{aligned}$$

答 $\vec{a} \cdot \vec{b} = 1$

補足

$\cos 60° = \frac{1}{2}$ であることは次のように考えればわかります。以下の図で、線分 OA の長さが 1 になるように点 A を定めると三角形 OAB は正三角形になります。点 B から辺 OA 上に垂線を下ろした足を H とすると、直角三角形 OHB は直角三角形 AHB と合同になります。したがって、OH = AH で、OH の長さ(すなわち $\cos 60°$ の値)は $\frac{1}{2}$ となります。

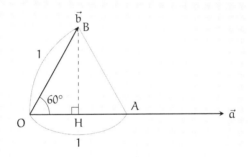

●**問題 3-2**（内積を求める）

2つの実数 c, d が与えられ、$c > 0, d > 0$ とします。原点を始点とし、点 (c, c) と $(-d, d)$ をそれぞれ終点とする2つのベクトル $\vec{u}, \vec{v}$ を考えます。このとき、内積 $\vec{u} \cdot \vec{v}$ を求めてください。

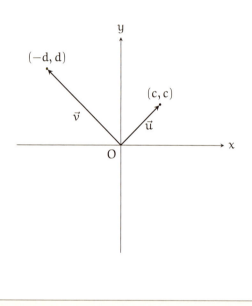

■**解答 3-2**

以下の図の通り、$\vec{u}$ と $\vec{v}$ はそれぞれ正方形の対角線となり、$\vec{u}$ と $\vec{v}$ のなす角の角度は $90°$ となります。

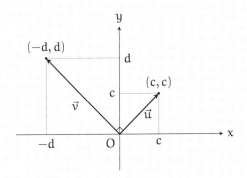

cos 90° = 0 なので、ベクトルの内積は 0 となります。

$$\vec{u} \cdot \vec{v} = |\vec{u}||\vec{v}| \cos 90° \qquad \text{内積の定義から}$$
$$= 0 \qquad\qquad\qquad\quad \cos 90° = 0 \text{ だから}$$

答 $\vec{u} \cdot \vec{v} = 0$

補足

内積の定義、

$$\vec{u} \cdot \vec{v} = |\vec{u}||\vec{v}| \cos \theta$$

から、内積が 0 に等しくなるのは、

$$|\vec{u}| = 0 \quad \text{または} \quad |\vec{v}| = 0 \quad \text{または} \quad \cos \theta = 0$$

のときであり、そのときに限ることがわかります。

また、cos 90° = 0 なので、直交する 2 つのベクトルの内積は、ベクトルの大きさにかかわらず 0 に等しくなります。

● **問題 3-3**（$\cos\theta$）

ある人が「内積で使う《2つのベクトルがなす角》を逆向きに考えてはいけないのだろうか」という疑問を抱きました。あなたはどう答えますか。

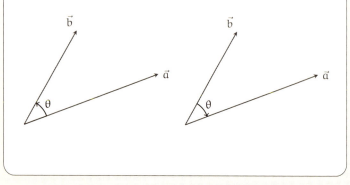

■ **解答 3-3**

以下の図で、点Pと点P′のx座標は等しくなります。

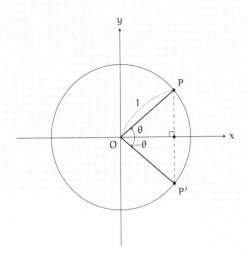

つまり、どんな角 θ に対しても、

$$\cos\theta = \cos(-\theta)$$

が成り立つことになり、どちら向きで θ を考えても、内積の値に違いはありません。したがって、内積に関する限り、2つのベクトルがなす角はどちら向きで考えてもかまいません。

さらにいうなら、2つのベクトルのなす角を以下のように考えても、内積の値は変わりません。

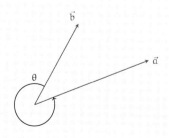

これは、どんな角 θ に対しても、
$$\cos\theta = \cos(360° - \theta)$$
が成り立つからです。

ただし、ベクトルのなす角は 0° 以上 180° 以下で考えることが多いです。そうすると、$\cos\theta$ の値と θ の値は一対一に対応します。

第4章の解答

●**問題 4-1**（ベクトルの内積）

以下の①〜⑤に示すベクトルの内積をそれぞれ求めてください。

① $\binom{1}{2} \cdot \binom{3}{4}$
② $\binom{1}{2} \cdot \binom{1}{2}$
③ $\binom{1}{2} \cdot \binom{-1}{-2}$
④ $\binom{1}{2} \cdot \binom{2}{-1}$
⑤ $\binom{1}{2} \cdot \binom{-2}{1}$

■**解答 4-1**

以下のようになります。

① $\binom{1}{2} \cdot \binom{3}{4} = 1 \cdot 3 + 2 \cdot 4 = 11$
② $\binom{1}{2} \cdot \binom{1}{2} = 1 \cdot 1 + 2 \cdot 2 = 5$
③ $\binom{1}{2} \cdot \binom{-1}{-2} = 1 \cdot (-1) + 2 \cdot (-2) = -5$
④ $\binom{1}{2} \cdot \binom{2}{-1} = 1 \cdot 2 + 2 \cdot (-1) = 0$
⑤ $\binom{1}{2} \cdot \binom{-2}{1} = 1 \cdot (-2) + 2 \cdot 1 = 0$

補足

④と⑤は内積が 0 になっています。図に描いてみると $\binom{1}{2}$ と

$\binom{2}{-1}$、ならびに $\binom{1}{2}$ と $\binom{-2}{1}$ は確かに直交していることがわかります。

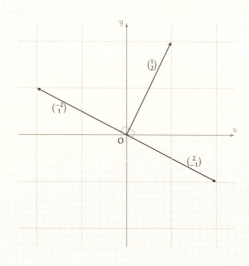

●問題 4-2（接線の方程式）
円 $x^2 + (y-1)^2 = 4$ に接する直線の方程式を求めてください。ただし、接点を (a, b) とします。

■解答 4-2

$x^2 + (y-1)^2 = 4$ は、中心が $(0, 1)$ で半径が 2 の円の方程式です。

（参考）中心が (x_0, y_0) で半径が r である円の方程式は以下です。
$$(x - x_0)^2 + (y - y_0)^2 = r^2$$

円の中心を $S(0,1)$ とし、接点を $Q(a,b)$ とし、求める接線を ℓ とし、ℓ 上の任意の点を $P(x,y)$ として図示すると次のようになります。

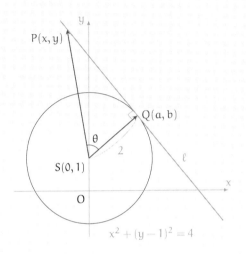

ここで、2 つのベクトル $\overrightarrow{SP}$ と $\overrightarrow{SQ}$ のなす角を θ とし、$\overrightarrow{SP}$ と $\overrightarrow{SQ}$ の内積を計算します。

$$\begin{aligned}
\overrightarrow{SP} \cdot \overrightarrow{SQ} &= |\overrightarrow{SP}||\overrightarrow{SQ}|\cos\theta & &\text{内積の定義から} \\
&= |\overrightarrow{SQ}||\overrightarrow{SP}|\cos\theta & &\text{積を交換した} \\
&= |\overrightarrow{SQ}|^2 & &|\overrightarrow{SP}|\cos\theta = |\overrightarrow{SQ}| \text{ だから} \\
&= 2^2 & &|\overrightarrow{SQ}| = 2 \text{ から（円の半径）} \\
&= 4
\end{aligned}$$

したがって、求める接線の方程式は、

$$\overrightarrow{SP} \cdot \overrightarrow{SQ} = 4$$

を成分を使って書けば得られます。

$\vec{SP} \cdot \vec{SQ} = 4$ 　　上の式から

$\begin{pmatrix} x \\ y-1 \end{pmatrix} \cdot \begin{pmatrix} a \\ b-1 \end{pmatrix} = 4$ 　　ベクトルを成分で表した

$xa + (y-1)(b-1) = 4$ 　　内積を成分で表した

$ax + (b-1)(y-1) = 4$ 　　式を整えた

答 $ax + (b-1)(y-1) = 4$

別解

図形全体を平行移動し、p.164 の結果を利用します。

与えられた円 $x^2 + (y-1)^2 = 4$ と点 (a, b) を y 軸に対して平行に -1 だけ移動します（下へ移動）。すると、移動後の円は $x^2 + y^2 = 4$ となり、移動後の点は $(a, b-1)$ となります。

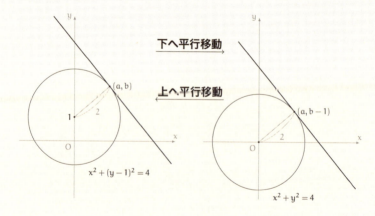

移動後の円と点に対して p.164 の結果を使うと、接線として次

の直線を得ます。
$$ax + (b-1)y = 4$$

得られた直線を、y軸に対して平行に $+1$ だけ移動すると（上へ移動）、求める接線として、
$$ax + (b-1)(y-1) = 4$$

が得られます。

●問題 4-3（点と直線の距離）
点 (x_0, y_0) と、直線 $ax + by = 0$ との距離を h とします。このとき、点と直線の距離 h を a, b, x_0, y_0 で表してください。ただし、$a \neq 0$ または $b \neq 0$ とします。

■解答 4-3

点 (x_0, y_0) を P とし、点 (a, b) を Q とし、直線 $ax + by = 0$ を ℓ とします。また、点 P から直線 ℓ に下ろした垂線の足を $H(c, d)$ とします。

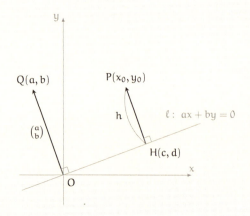

求める点と直線の距離 h は、以下のように、ベクトル $\overrightarrow{HP}$ の内積で表すことができます。

$$h = |\overrightarrow{HP}|$$
$$= \sqrt{|\overrightarrow{HP}|^2}$$
$$= \sqrt{\overrightarrow{HP} \cdot \overrightarrow{HP}} \quad \cdots\cdots\cdots\cdots ①$$

ところで、直線 ℓ の方程式 $ax + by = 0$ は、2つのベクトル $\begin{pmatrix} a \\ b \end{pmatrix}$ と $\begin{pmatrix} x \\ y \end{pmatrix}$ の内積として、

$$\begin{pmatrix} a \\ b \end{pmatrix} \cdot \begin{pmatrix} x \\ y \end{pmatrix} = 0$$

と書くことができます。内積が 0 ですから、直線 ℓ 上の任意の点を (x, y) としたとき、2つのベクトル $\begin{pmatrix} a \\ b \end{pmatrix}$ と $\begin{pmatrix} x \\ y \end{pmatrix}$ は直交していることになります。

(**参考**) 一般に、直線と直交するベクトルのことを、その直線の**法線ベクトル**といいます。言い換えると、法線ベクトルは方向ベクトルに直交するベク

トルのことです。ベクトル $\binom{a}{b}$ は直線 $ax + by = 0$ の法線ベクトルです。ベクトル $\overrightarrow{HP}$ はベクトル $\binom{a}{b}$ と平行なので、t をある実数として、

$$\overrightarrow{HP} = t\binom{a}{b}$$

と書くことができます。$\overrightarrow{HP}$ の内積を使って h を求めるため、まずこの実数 t を求めましょう。

$$\overrightarrow{HP} = t\binom{a}{b} \qquad \text{上の式より}$$

$$\overrightarrow{OP} - \overrightarrow{OH} = t\binom{a}{b} \qquad \overrightarrow{HP} \text{ をベクトルの差で表した}$$

ここで、両辺のベクトルと $\binom{a}{b}$ との内積を取ります。

$$(\overrightarrow{OP} - \overrightarrow{OH}) \cdot \binom{a}{b} = t\binom{a}{b} \cdot \binom{a}{b} \qquad \text{内積を取った}$$

$$\overrightarrow{OP} \cdot \binom{a}{b} - \overrightarrow{OH} \cdot \binom{a}{b} = t\binom{a}{b} \cdot \binom{a}{b} \qquad \text{カッコを外して展開した}$$

$$\overrightarrow{OP} \cdot \binom{a}{b} = t\binom{a}{b} \cdot \binom{a}{b} \qquad \overrightarrow{OH} \text{ と } \binom{a}{b} \text{ は垂直なので内積は 0}$$

$$\binom{x_0}{y_0} \cdot \binom{a}{b} = t\binom{a}{b} \cdot \binom{a}{b} \qquad \overrightarrow{OP} = \binom{x_0}{y_0} \text{ だから}$$

$$x_0 a + y_0 b = t(aa + bb) \qquad \text{内積を成分で計算した}$$

$$ax_0 + by_0 = t(a^2 + b^2) \qquad \text{整理した}$$

$$t(a^2 + b^2) = ax_0 + by_0 \qquad \text{両辺を交換した}$$

ここで、$a \neq 0$ または $b \neq 0$ なので $a^2 + b^2 \neq 0$ となり、両辺を $a^2 + b^2$ で割ると t を得ます。

$$t = \frac{ax_0 + by_0}{a^2 + b^2} \quad \cdots\cdots\cdots\cdots ②$$

これで t が得られたので、$\overrightarrow{HP}$ は、

$$\overrightarrow{HP} = t\begin{pmatrix}a\\b\end{pmatrix} = \frac{ax_0 + by_0}{a^2 + b^2}\begin{pmatrix}a\\b\end{pmatrix}$$

ということがわかりました。

$$\begin{aligned}
h &= \sqrt{\overrightarrow{HP} \cdot \overrightarrow{HP}} &&\text{①から}\\
&= \sqrt{t^2(a^2+b^2)} &&\overrightarrow{HP}=t\begin{pmatrix}a\\b\end{pmatrix} \text{から}\\
&= \sqrt{\frac{(ax_0+by_0)^2}{(a^2+b^2)^2}(a^2+b^2)} &&\text{②から}\\
&= \sqrt{\frac{(ax_0+by_0)^2}{a^2+b^2}}\\
&= \frac{|ax_0+by_0|}{\sqrt{a^2+b^2}}
\end{aligned}$$

$$\text{答}\quad h = \frac{|ax_0+by_0|}{\sqrt{a^2+b^2}}$$

別解

2つのベクトル $\overrightarrow{OP}$ と $\overrightarrow{OQ}$ のなす角を θ とし、点 P から直線 OQ に下ろした垂線の足を R とします。

角 θ の値によって $\cos\theta$ の符号が変わるので、$\cos\theta \geqq 0$ の場合と $\cos\theta < 0$ の場合とに分けて図を描きます。

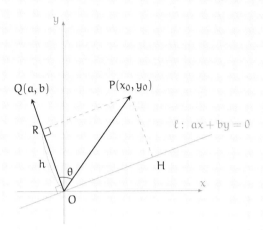

$\cos\theta \geqq 0$ の場合 ($0° \leqq \theta \leqq 90°$)

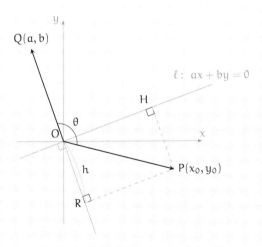

$\cos\theta < 0$ の場合 ($90° < \theta \leqq 180°$)

どちらの場合でも、点 P と直線 ℓ の距離 h は線分 HP の長さになり、これは線分 OR の長さに等しくなります（長方形の対辺）。

線分 OR の長さは、$\cos\theta$ の符号に注意して、

$$h = \begin{cases} +|\overrightarrow{OP}|\cos\theta & (\cos\theta \geq 0 \text{ の場合}) \\ -|\overrightarrow{OP}|\cos\theta & (\cos\theta < 0 \text{ の場合}) \end{cases}$$

になります。これは絶対値記号を使って、

$$h = |\overrightarrow{OP}||\cos\theta| \quad \cdots\cdots\cdots\cdots ①$$

とまとめることができます。

一方、$\overrightarrow{OQ}$ と $\overrightarrow{OP}$ の内積の絶対値は、

$$|\overrightarrow{OQ}\cdot\overrightarrow{OP}| = |\overrightarrow{OQ}|\underline{|\overrightarrow{OP}||\cos\theta|}$$

と書けます。①から、波線部分はちょうど h に等しいので、

$$|\overrightarrow{OQ}\cdot\overrightarrow{OP}| = |\overrightarrow{OQ}|h$$

が成り立ちます。この式を成分を使って書き直すと、

$$\left|\begin{pmatrix} a \\ b \end{pmatrix} \cdot \begin{pmatrix} x_0 \\ y_0 \end{pmatrix}\right| = \sqrt{a^2+b^2}\, h$$

つまり、

$$|ax_0 + by_0| = \sqrt{a^2+b^2}\, h$$

になります。$a \neq 0$ または $b \neq 0$ なので $\sqrt{a^2+b^2} \neq 0$ ですから、両辺を $\sqrt{a^2+b^2}$ で割って両辺を交換すると、

$$h = \frac{|ax_0 + by_0|}{\sqrt{a^2+b^2}}$$

が得られます。

$$\text{答} \quad h = \frac{|ax_0 + by_0|}{\sqrt{a^2 + b^2}}$$

第5章の解答

●**問題 5-1**（内分点）

以下の図で、点 P は線分 AB を 2 : 3 に内分しています。このとき、ベクトル $\overrightarrow{OP}$ を、2つのベクトル $\overrightarrow{OA}$ と $\overrightarrow{OB}$ を使って表してください。

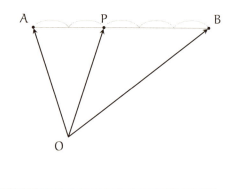

■**解答 5-1**

p.213 の式で $m = 2$ および $n = 3$ とします。

$$\overrightarrow{OP} = \frac{3\overrightarrow{OA} + 2\overrightarrow{OB}}{2+3}$$

$$= \frac{3\overrightarrow{OA} + 2\overrightarrow{OB}}{5}$$

答　$\overrightarrow{OP} = \dfrac{3\overrightarrow{OA} + 2\overrightarrow{OB}}{5}$

●問題 5-2（内分点）

問題 5-1 の点 O を以下のように少し移動させました。このとき、ベクトル $\overrightarrow{OP}$ を、2 つのベクトル $\overrightarrow{OA}$ と $\overrightarrow{OB}$ を使って表してください。

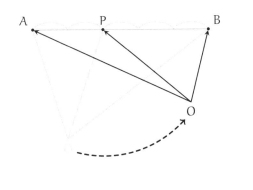

■解答 5-2

点 O がどこに移動しようとも、問題 5-1 とまったく同じ式で表すことができます。

答　$\overrightarrow{OP} = \dfrac{3\overrightarrow{OA} + 2\overrightarrow{OB}}{5}$

●問題 5-3（内分点の座標）

以下の図で、点 P は線分 AB を $2:3$ に内分しています。2 点 A, B が $A(1, 2)$, $B(6, 1)$ であるとき、点 P の座標を求めてください。

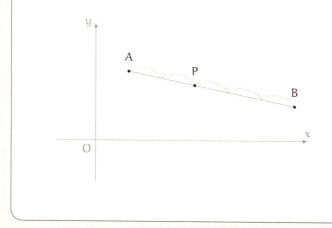

■解答 5-3

ベクトル $\overrightarrow{OP}$ を $\overrightarrow{OA}$ と $\overrightarrow{OB}$ を使って表すと、

$$\overrightarrow{OP} = \frac{3\overrightarrow{OA} + 2\overrightarrow{OB}}{5}$$

です。点 P の座標を (x, y) とすると、

$$\overrightarrow{OP} = \begin{pmatrix} x \\ y \end{pmatrix}, \quad \overrightarrow{OA} = \begin{pmatrix} 1 \\ 2 \end{pmatrix}, \quad \overrightarrow{OB} = \begin{pmatrix} 6 \\ 1 \end{pmatrix}$$

なので、次のように書くことができます。

$$\begin{pmatrix} x \\ y \end{pmatrix} = \frac{3\binom{1}{2} + 2\binom{6}{1}}{5}$$

これを計算します。複雑になるので、まずは分子の $3\binom{1}{2} + 2\binom{6}{1}$ を計算します。

$$\begin{aligned} 3\begin{pmatrix} 1 \\ 2 \end{pmatrix} + 2\begin{pmatrix} 6 \\ 1 \end{pmatrix} &= \begin{pmatrix} 3 \cdot 1 \\ 3 \cdot 2 \end{pmatrix} + \begin{pmatrix} 2 \cdot 6 \\ 2 \cdot 1 \end{pmatrix} &&\text{係数を成分に掛けた} \\ &= \begin{pmatrix} 3 \\ 6 \end{pmatrix} + \begin{pmatrix} 12 \\ 2 \end{pmatrix} &&\text{成分を計算した} \\ &= \begin{pmatrix} 3+12 \\ 6+2 \end{pmatrix} &&\text{成分ごとの和を取った} \\ &= \begin{pmatrix} 15 \\ 8 \end{pmatrix} &&\text{成分を計算した} \end{aligned}$$

これで $\binom{x}{y}$ の分子が $\binom{15}{8}$ というベクトルになることがわかります。したがって、

$$\begin{aligned} \begin{pmatrix} x \\ y \end{pmatrix} &= \frac{\binom{15}{8}}{5} \\ &= \begin{pmatrix} \frac{15}{5} \\ \frac{8}{5} \end{pmatrix} &&\text{成分を分母の 5 で割った} \\ &= \begin{pmatrix} 3 \\ \frac{8}{5} \end{pmatrix} &&\text{成分を計算した} \end{aligned}$$

よって、点 P の座標は $(3, \frac{8}{5})$ です。

答 <u>P$(3, \frac{8}{5})$</u>

補足

解答 5-3 の計算をよく振り返ってみましょう。線分 AB を 2 : 3

に内分している点 P の座標を (x, y) とすると、

- x は、線分 AB が x 軸に落とす影を $2:3$ に内分している
- y は、線分 AB が y 軸に落とす影を $2:3$ に内分している

ということがわかります。

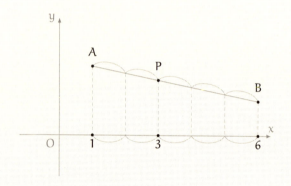

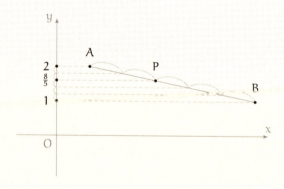

もっと考えたいあなたのために

　本書の数学トークに加わって「もっと考えたい」というあなたのために、研究問題を以下に挙げます。解答は本書に書かれていませんし、たった一つの正解があるとも限りません。

　あなた一人で、あるいはこういう問題を話し合える人たちといっしょに、じっくり考えてみてください。

第1章 そんな私に力を貸して

●**研究問題 1-X1**（力の足し算）
第1章で、平行四辺形を使った力の足し算の話が出てきました。向きが逆向きで、大きさが等しい2つの力の合力はどうなるでしょうか。

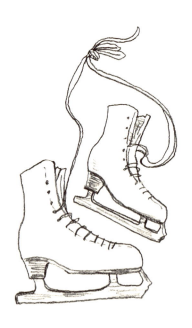

●研究問題 1-X2（張力）

以下の図のように、糸2本で下げられている重りがあります。

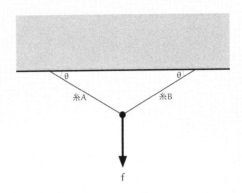

糸2本で下げられている重り

糸Aと糸Bは長さが等しく、糸が天井となす角度が θ（シータ）であるとします。地球から重りに働く重力の大きさを f としたとき、糸から重りに働く張力の大きさを求めましょう。

●研究問題 1-X3（張力）

研究問題 1-X2 で、糸の長さが異なる場合を考えます。下図のように、糸 A, B が天井となす角度をそれぞれ α, β とします。地球から重りに働く重力の大きさを f としたとき、糸から重りに働く張力の大きさを求めましょう。

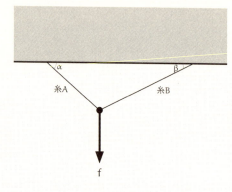

糸 2 本で下げられている重り

第2章 無数の等しい矢

●**研究問題 2-X1**（ベクトルと多角形）
多角形の辺をベクトルだと考えます。どのベクトルの終点も、隣のベクトルの始点に一致しているとき、すべてのベクトルの和はどうなるでしょうか。また、辺のうち1つだけ逆向きになっていた場合はどうでしょうか。

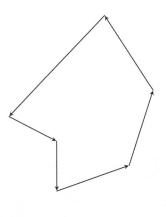

●**研究問題 2-X2**（ベクトルの回転）

平面上の点 (x, y) を、原点を中心にして角度 θ だけ回転移動すると、点 $(x\cos\theta - y\sin\theta, x\sin\theta + y\cos\theta)$ に移ります。始点 (x_0, y_0)、終点 (x_1, y_1) のベクトルの大きさを $\sqrt{(x_1-x_0)^2 + (y_1-y_0)^2}$ で定義するとき、このベクトルの大きさは回転移動で変化しないことを証明してください。

●**研究問題 2-X3**（同値関係）

p. 67 で「集合 A に同値関係 $\doteqdot$ を入れる」という話題が出てきました。同値関係とは、反射律・対称律・推移律が成り立つ関係のことです。以下を証明して、関係 $\doteqdot$ が確かに同値関係であることを確かめましょう。

反射律 どんな実数 x_0, y_0, x_1, y_1 に対しても、

$$\langle (x_0, y_0), (x_1, y_1) \rangle \doteqdot \langle (x_0, y_0), (x_1, y_1) \rangle$$

が成り立つ。

対称律 もし、

$$\langle (x_0, y_0), (x_1, y_1) \rangle \doteqdot \langle (x_0', y_0'), (x_1', y_1') \rangle$$

が成り立つならば、

$$\langle (x_0', y_0'), (x_1', y_1') \rangle \doteqdot \langle (x_0, y_0), (x_1, y_1) \rangle$$

も成り立つ。

推移律 もし、

$$\langle (x_0, y_0), (x_1, y_1) \rangle \doteqdot \langle (x_0', y_0'), (x_1', y_1') \rangle$$

$$\langle (x_0', y_0'), (x_1', y_1') \rangle \doteqdot \langle (x_0'', y_0''), (x_1'', y_1'') \rangle$$

の両方が成り立つならば、

$$\langle (x_0, y_0), (x_1, y_1) \rangle \doteqdot \langle (x_0'', y_0''), (x_1'', y_1'') \rangle$$

も成り立つ。

第3章 掛け算の作り方

●研究問題 3-X1（大きさ）
第3章では、「僕」とユーリが「ベクトルの向きと数の符号」について、内積と積の類似点を見つけていました。それでは「ベクトルの大きさと数の大きさ」について、内積と積の類似点を探してみましょう。

●研究問題 3-X2（内積）
平面上の2つのベクトル $\vec{a}$ と $\vec{b}$ に対して、

$$\vec{a} \cdot \vec{b} = 0$$

が成り立っているとします。このとき、ベクトル $\vec{a}$ と $\vec{b}$ について何がいえるでしょうか。

●研究問題 3-X3（内積）

平面上のあるベクトル $\vec{a}$ に対して、

$$\vec{a} \cdot \vec{a} = 0$$

が成り立っているとします。このとき、ベクトル $\vec{a}$ について何がいえるでしょうか。

●研究問題 3-X4（外積）

2つの3次元ベクトル $\begin{pmatrix} a \\ b \\ c \end{pmatrix}$ と $\begin{pmatrix} x \\ y \\ z \end{pmatrix}$ の**外積** $\begin{pmatrix} a \\ b \\ c \end{pmatrix} \times \begin{pmatrix} x \\ y \\ z \end{pmatrix}$ は以下のように定義されています。

$$\begin{pmatrix} a \\ b \\ c \end{pmatrix} \times \begin{pmatrix} x \\ y \\ z \end{pmatrix} = \begin{pmatrix} bz - cy \\ cx - az \\ ay - bx \end{pmatrix}$$

外積ではどんな法則が成り立つか、自由に調べてみましょう。たとえば、交換法則は成り立つでしょうか。

※なお、外積はベクトル積ともいいます。

第4章 形を見抜く

●**研究問題 4-X1**（テトラちゃんを応援する）
第 4 章では、接線の方程式を求めるのにベクトルを使って考えました。ところで、「テトラちゃんの解きかけノート①」（p.133）を続ける形で接線の方程式を求めることはできるでしょうか。

●**研究問題 4-X2**（点と直線の距離）
ベクトルの内積を使って点 (x_0, y_0) と直線 $ax + by + c = 0$ との距離を求めてみましょう。

●**研究問題 4-X3**（関数空間）
第 4 章では、係数が実数で次数が 2 次以下の関数を使って関数空間 V を考えました。V の要素同士の和はどのように定義できるでしょうか。また、積は定義できるでしょうか。考えてみましょう。

第5章 ベクトルの平均

●**研究問題 5-X1**(外分点)

第5章では線分の中点や内分点をベクトルで表すことを考えました。以下の図のように、線分 AB を $2:3$ に**外分**する点を P としたとき、ベクトル $\overrightarrow{OP}$ を $\overrightarrow{OA}$ と $\overrightarrow{OB}$ を使って表してください。

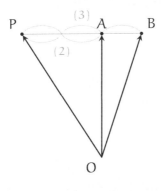

●研究問題 5-X2（3 点とベクトル）

平面上で 3 点 A, B, C が与えられたとき、

$$\frac{\overrightarrow{OA} + \overrightarrow{OB} + \overrightarrow{OC}}{3}$$

はどんなベクトルになるでしょうか。

あとがき

　こんにちは、結城浩です。

　『数学ガールの秘密ノート／ベクトルの真実』をお読みいただきありがとうございます。向きと大きさの表現、数のような計算、内積を使った向きと大きさの導入など、ベクトルが持っている多彩な側面に触れてきました。いかがでしたか。

　本書は、ケイクス（cakes）での Web 連載「数学ガールの秘密ノート」第 51 回から第 60 回までを再編集したものです。本書を読んで「数学ガールの秘密ノート」シリーズに興味を持った方は、ぜひ Web 連載もお読みください。

　「数学ガールの秘密ノート」シリーズは、やさしい数学を題材にして、中学生のユーリ、高校生のテトラちゃん、ミルカさん、それに「僕」が楽しい数学トークを繰り広げる物語です。

　同じキャラクタたちが活躍する「数学ガール」シリーズという別のシリーズもあります。こちらは、より幅広い数学にチャレンジする数学青春物語です。ぜひこちらのシリーズにも手を伸ばしてみてください。なお、出版社 Bento Books から両シリーズの英語版も刊行されています。

　「数学ガールの秘密ノート」と「数学ガール」の二つのシリーズ、どちらも応援してくださいね。

　本書は、$\LaTeX\,2_\varepsilon$ と Euler フォント（AMS Euler）を使って組

版しました。組版では、奥村晴彦先生の『LATEX 2ε 美文書作成入門』に助けられました。感謝します。図版は、OmniGraffle と TikZ パッケージを使って作成しました。感謝します。

　執筆途中の原稿を読み、貴重なコメントを送ってくださった、以下の方々と匿名の方々に感謝します。当然ながら、本書中に残っている誤りはすべて筆者によるものであり、以下の方々に責任はありません。

浅見悠太さん、五十嵐龍也さん、石宇哲也さん、
石本竜太さん、伊東愛翔さん、稲葉一浩さん、岩脇修冴さん、
上杉直矢さん、上原隆平さん、植松弥公さん、内田大暉さん、
内田陽一さん、大西健登さん、喜入正浩さん、北川巧さん、
菊池なつみさん、木村巌さん、工藤淳さん、毛塚和宏さん、
上瀧佳代さん、坂口亜希子さん、佐々木良さん、
田中克佳さん、谷口亜紳さん、乗松明加さん、原いづみさん、
藤田博司さん、梵天ゆとりさん（メダカカレッジ）、
前原正英さん、増田菜美さん、松浦篤史さん、三澤颯大さん、
三宅喜義さん、村井建さん、村岡佑輔さん、山田泰樹さん、
米内貴志さん。

　「数学ガールの秘密ノート」と「数学ガール」の両シリーズをずっと編集してくださっている、SB クリエイティブの野沢喜美男編集長に感謝します。
　ケイクスの加藤貞顕さんに感謝します。
　執筆を応援してくださっているみなさんに感謝します。
　最愛の妻と二人の息子に感謝します。
　本書を最後まで読んでくださり、ありがとうございます。
　では、次回の『数学ガールの秘密ノート』でお会いしましょう！

2015 年 10 月
結城 浩
http://www.hyuki.com/girl/

索引

欧文

cos θ 92
Euler フォント 283

ア

《与えられているものは何か》 209
位置ベクトル 65, 196
鉛直下向き 23
大きさ 56

カ

外積 279
回転移動 54, 276
外分点 281
関数空間 166, 280
基本ベクトル 178
球面の方程式 234
《結果をためすことができるか》 214
結合法則 111
交換法則 44, 108
合力 28, 238
《答えを確かめる》 214

サ

作用 9
作用・反作用の法則 9, 236
質点 6
重力 2, 3, 20
《証明したいことは何か》 198
《図を描いて考える》 136, 191
《図を描く》 208
絶対値 188
零ベクトル 117

タ

代表元 77
力 18
張力 21
直線のパラメータ表示 153
直線の方程式 140
直交 161
《定義に帰れ》 120
テトラちゃん iv
動径 92
等速直線運動 14
同値関係 67, 277

ナ

内積　85, 145
内積空間　176
内分点　204
《似ているものを知らないか》　193, 204

ハ

母　iv
パラメータ　160
反作用　9
フーリエ展開　178
ふにゃふにゃベクトル　50
分配法則　110
平均　190
平行移動　46, 57
ベクトル積　279
ベクトルの大きさ　88, 176
ベクトルの角度　176
ベクトルの実数倍　113
ベクトルの和　42
方向　23
方向ベクトル　156
法線ベクトル　231, 260
僕　iv

マ

瑞谷女史　iv
ミルカさん　iv
向き　23, 56
《文字の導入による一般化》　207
《求めるものは何か》　140, 160, 209

ヤ

ユーリ　iv

ラ

力学　6

●結城浩の著作

『C言語プログラミングのエッセンス』, ソフトバンク, 1993（新版：1996）
『C言語プログラミングレッスン　入門編』, ソフトバンク, 1994
　　（改訂第2版：1998）
『C言語プログラミングレッスン　文法編』, ソフトバンク, 1995
『Perlで作るCGI入門　基礎編』, ソフトバンクパブリッシング, 1998
『Perlで作るCGI入門　応用編』, ソフトバンクパブリッシング, 1998
『Java言語プログラミングレッスン（上）（下）』,
　　ソフトバンクパブリッシング, 1999（改訂版：2003）
『Perl言語プログラミングレッスン　入門編』,
　　ソフトバンクパブリッシング, 2001
『Java言語で学ぶデザインパターン入門』,
　　ソフトバンクパブリッシング, 2001（増補改訂版：2004）
『Java言語で学ぶデザインパターン入門　マルチスレッド編』,
　　ソフトバンクパブリッシング, 2002
『結城浩のPerlクイズ』, ソフトバンクパブリッシング, 2002
『暗号技術入門』, ソフトバンクパブリッシング, 2003
『結城浩のWiki入門』, インプレス, 2004
『プログラマの数学』, ソフトバンクパブリッシング, 2005
『改訂第2版Java言語プログラミングレッスン（上）（下）』,
　　ソフトバンククリエイティブ, 2005
『増補改訂版Java言語で学ぶデザインパターン入門　マルチスレッド編』,
　　ソフトバンククリエイティブ, 2006
『新版C言語プログラミングレッスン　入門編』,
　　ソフトバンククリエイティブ, 2006
『新版C言語プログラミングレッスン　文法編』,
　　ソフトバンククリエイティブ, 2006
『新版Perl言語プログラミングレッスン　入門編』,
　　ソフトバンククリエイティブ, 2006
『Java言語で学ぶリファクタリング入門』,
　　ソフトバンククリエイティブ, 2007
『数学ガール』, ソフトバンククリエイティブ, 2007
『数学ガール／フェルマーの最終定理』, ソフトバンククリエイティブ, 2008
『新版暗号技術入門』, ソフトバンククリエイティブ, 2008

『数学ガール／ゲーデルの不完全性定理』,
　　ソフトバンククリエイティブ, 2009
『数学ガール／乱択アルゴリズム』, ソフトバンククリエイティブ, 2011
『数学ガール／ガロア理論』, ソフトバンククリエイティブ, 2012
『Java言語プログラミングレッスン　第3版（上・下）』,
　　ソフトバンククリエイティブ, 2012
『数学文章作法　基礎編』, 筑摩書房, 2013
『数学ガールの秘密ノート／式とグラフ』,
　　ソフトバンククリエイティブ, 2013
『数学ガールの誕生』, ソフトバンククリエイティブ, 2013
『数学ガールの秘密ノート／整数で遊ぼう』, SBクリエイティブ, 2013
『数学ガールの秘密ノート／丸い三角関数』, SBクリエイティブ, 2014
『数学ガールの秘密ノート／数列の広場』, SBクリエイティブ, 2014
『数学文章作法　推敲編』, 筑摩書房, 2014
『数学ガールの秘密ノート／微分を追いかけて』, SBクリエイティブ, 2015
『暗号技術入門　第3版』, SBクリエイティブ, 2015
『数学ガールの秘密ノート／ベクトルの真実』, SBクリエイティブ, 2015
『数学ガールの秘密ノート／場合の数』, SBクリエイティブ, 2016
『数学ガールの秘密ノート／やさしい統計』, SBクリエイティブ, 2016
『数学ガールの秘密ノート／積分を見つめて』, SBクリエイティブ, 2017
『プログラマの数学　第2版』, SBクリエイティブ, 2018
『数学ガール／ポアンカレ予想』, SBクリエイティブ, 2018
『数学ガールの秘密ノート／行列が描くもの』, SBクリエイティブ, 2018
『C言語プログラミングレッスン　入門編　第3版』,
　　SBクリエイティブ, 2019
『数学ガールの秘密ノート／ビットとバイナリー』, SBクリエイティブ, 2019
『数学ガールの秘密ノート／学ぶための対話』, SBクリエイティブ, 2019
『数学ガールの秘密ノート／複素数の広がり』, SBクリエイティブ, 2020
『数学ガールの秘密ノート／確率の冒険』, SBクリエイティブ, 2020
『再発見の発想法』, SBクリエイティブ, 2021
『数学ガールの物理ノート／ニュートン力学』, SBクリエイティブ, 2021
『Java言語で学ぶデザインパターン入門　第3版』,
　　SBクリエイティブ, 2021
『数学ガールの秘密ノート／図形の証明』, SBクリエイティブ, 2022

本書をお読みいただいたご意見、ご感想を以下のQRコード、URLよりお寄せください。

https://isbn.sbcr.jp/82327/

数学ガールの秘密ノート／ベクトルの真実
<small>すうがく　　　　　　　　　　　ひみつ　　　　　　　　　　　　　しんじつ</small>

2015年11月27日　初版発行
2022年 3月17日　第4刷発行

著　者：結城　浩
<small>　　　　　ゆうき　ひろし</small>

発行者：小川　淳

発行所：SBクリエイティブ株式会社
　　　　〒106-0032　東京都港区六本木2-4-5
　　　　　　　　　　営業　03(5549)1201
　　　　　　　　　　編集　03(5549)1234

印　刷：株式会社リーブルテック

装　丁：米谷テツヤ

カバー・本文イラスト：たなか鮎子

落丁本，乱丁本は小社営業部にてお取り替え致します。
定価はカバーに記載されています。

Printed in Japan　　　　　　　　　　　　　　ISBN978-4-7973-8232-7